Dr. Sameena Mahmood

Esquizofrenia

Dr. Sameena Mahmood

Esquizofrenia

ScienciaScripts

Imprint
Any brand names and product names mentioned in this book are subject to trademark, brand or patent protection and are trademarks or registered trademarks of their respective holders. The use of brand names, product names, common names, trade names, product descriptions etc. even without a particular marking in this work is in no way to be construed to mean that such names may be regarded as unrestricted in respect of trademark and brand protection legislation and could thus be used by anyone.

Cover image: www.ingimage.com

This book is a translation from the original published under ISBN 978-620-2-30734-5.

Publisher:
Sciencia Scripts
is a trademark of
Dodo Books Indian Ocean Ltd. and OmniScriptum S.R.L publishing group

120 High Road, East Finchley, London, N2 9ED, United Kingdom
Str. Armeneasca 28/1, office 1, Chisinau MD-2012, Republic of Moldova, Europe
Printed at: see last page
ISBN: 978-620-8-23595-6

Prefácio

Para mim, a esquizofrenia é sempre uma questão de reflexão, devido aos seus aspectos complexos, poligénicos e multifactoriais, que conduzem de um estado ligeiro, aparentemente normal, a uma forma crónica patética, em que a pessoa fica quase "morta-viva". Esta foi uma razão muito forte para me dedicar a esta área de investigação como geneticista. O primeiro passo para compreender corretamente a doença e os seus aspectos prognósticos em quase todos os parâmetros encorajou-me a identificar elaboradamente as razões que culminam nesta doença. Esta informação cumulativa sobre a esquizofrenia ajudaria os cientistas a identificar e a trabalhar sobre os aspectos da doença para encontrar uma cura duradoura para a mesma. Este livro é o meu contributo para a compreensão e, esperemos, para a descoberta da cura da doença (IA).

Este livro pode revelar-se muito útil para o estudo agregado da esquizofrenia, tanto para estudantes de medicina como para estudantes de medicina. A linguagem utilizada é muito simplificada, com tabelas e imagens de apoio que serão úteis tanto para quem está a começar como para quem tem experiência nesta área.

Em geral, trata-se de um esforço para ajudar todas as pessoas a compreender a esquizofrenia como doença neuropsiquiátrica de uma forma clara, correta e científica.

Com os melhores cumprimentos

Dra. Sameena Mahmood

Conteúdo

Dedicado ao HIM

Quem permanece Sempre Tudo em Tudo

Capítulo 1

Doenças neuropsiquiátricas - introdução

As doenças neuropsiquiátricas herdadas no fluxo intergeracional sempre foram motivo de preocupação no domínio da medicina. À semelhança de muitos outros domínios de investigação de doenças, o esforço para encontrar as causas das doenças neuropsiquiátricas, que é motivo de preocupação e de investigação desde há muito tempo, teve um grande avanço com o aparecimento e o desenvolvimento da biologia molecular. Esta deu aos cientistas uma pista a seguir que, desde há muito, permanecia um mistério para o mundo da ciência, embora muito esteja ainda por esclarecer.

1. Abordagem de genética molecular

1.1 Repetições de Sequências Simples

Na era pré-molecular, as tentativas de discernir o mecanismo genético subjacente consistiam em

* Análise de segregação, testando a adequação dos padrões familiares observados a formulações genéticas específicas (por exemplo, modelos poligénicos, oligogénicos e mutifactoriais)

* Pesquisa de traços de suscetibilidade genética, também conhecidos como "marcadores biológicos", que se segregam com a perturbação nas famílias (por exemplo, enzimas neurotransmissoras, proteínas receptoras ou metabolitos, medidas atencionais e electroencefalográficas e índices baseados em imagens cerebrais) e

* Estudos de ligação que utilizaram marcadores genéticos clássicos (por exemplo, antigénio leucocitário, grupos sanguíneos ou proteínas séricas)

No entanto, existe atualmente uma explosão de conhecimentos e técnicas relevantes para a descoberta da base genética da doença humana. Foram desenvolvidas técnicas analíticas para avaliar perturbações poligénicas e as técnicas de subestruturação genética permitem agora aos investigadores concentrarem-se em genes candidatos. A genética molecular permitiu explorar a aplicação sistemática tanto da genética inversa (estudo de marcadores de ADN anónimos e aleatórios ao longo do genoma) como da genética direta, que testa o polimorfismo do gene candidato com presumível relevância funcional para a doença em investigação. Uma dessas descobertas é a repetição de sequência simples (SSR), uma série de sequências repetidas dispostas em tandem e presentes em todo o genoma, categorizadas como - **Minissatélite** - cada unidade de repetição de nucleótidos é constituída por mais de 5 nucleótidos e **Microssatélite** - apenas 2-4 nucleótidos em cada repetição.

Os marcadores de repetição de sequência simples (SSR) ou microssatélites, apresentados por Alec Jeffreys (1984), são atualmente os marcadores moleculares preferidos devido às suas propriedades altamente desejáveis para a procura de marcadores de doenças genéticas. Esta técnica mostra regiões de ADN com variações no número de repetições em tandem, conhecidas como Variable Number of Tandem Repeats (VNTRs). Estes VNTRs foram observados como repetidos vezes sem conta, uns ao lado dos outros. Os VNTRs examinados através do Polimorfismo de Comprimento de Fragmentos de Restrição (RFLP) determinam a variação no comprimento de um fragmento de ADN definido e dão uma impressão de códigos de barras. Dependendo do comprimento da unidade de repetição, o ADN microssatélite ou vulgarmente conhecido como Short Tandem Repeats (STR) ou Simple Sequence Repeats (SSR), está disperso pelo genoma humano e ocorre, em média, a cada 10 000 nucleótidos, designados por

* **Di - nucleótido**, CA, AT.

* **Tri - nucleótido**, CAG, CCG, CGG, AAT.

***Tetra-nucleótido**, GACA, GATA, AACC, AACT, AACG, AAGC, AAGT, AATC.

* **Penta - nucleótido** CAGGG.

* **Hexa - nucleótido**

2. Expansão de tri-nucleótidos

A análise do genoma de doentes neuropsiquiátricos ajudou muito a revelar as complexidades e semelhanças ao nível da sequência de bases do ADN. A disposição sequencial dos nucleótidos no ADN e a presença de sequências repetidas, tanto em número como em tamanho, foram identificadas como marcadores para a identificação de uma determinada doença neuropsiquiátrica. No ano de 1991, foi relatado um tipo de mutação resultante da expansão instável de repetições trinucleotídicas ricas em GC (TNR), unidades de 3 pb repetidas em tandem, em indivíduos com síndroma do X frágil e atrofia muscular espino-bulbar. Os doentes neuropsiquiátricos, como já foi observado, apresentam uma expansão variável e diferente de repetições de trinucleótidos no genoma. Nos últimos anos, a expansão destas repetições de trinucleótidos tem sido referida como a principal causa de várias doenças neurodegenerativas e de neurodesenvolvimento. As pessoas normais têm estas repetições, mas em pequeno número, mantidas até um limite adequado de 550, consoante a doença. A doença resulta da expressão instável da TNR (40-2000), tanto numérica como longitudinalmente, em indivíduos afectados, normalmente apenas num alelo, causando alterações mutacionais hereditárias. Inicialmente, trata-se de uma pré-mutação ligeira que, se aumentar no fluxo intergeracional, cria formas expandidas que levam a um aumento da gravidade da doença, juntamente com a diminuição da idade de início na geração seguinte - antecipação. Dependendo do tipo de expansão repetida, foram descritas até à data mais de 14 doenças, sendo a expansão -

2.1 Expansão em pequena escala -

- **Atrofia muscular espinobulbar** ou síndrome de Kennedy (SBMA, XL - gene do recetor de androgénio),
- **Doenças de Huntington** (DH).

2.2 Expansão em grande escala incluindo -

- **Síndroma do X-frágil,** FRAXE atraso mental X (XL)
- **Distrofia miotónica** (DM),
- **Ataxia espinocerebelar** (SCA).

Existem vários em diferentes cromossomas; são exemplos de heterogeneidade de locus como -

Atrofia dentatorubralpallisdoluysiana (DRPLA), **síndrome de Haw rivers, doença de Macado-Joseph, ataxia de Friedreich** (AR-TNR num intrão), **esquizofrenia** (SCZ).

Os genes envolvidos são normalmente expressos numa variedade de tecidos e os investigadores estão a analisar as funções dos produtos genéticos normais e o mecanismo de expansão e instabilidade das repetições. Os motivos de repetição trinucleotídica têm desempenhado um papel muito importante na descoberta da causa genética das doenças neuropsiquiátricas, quando os conceitos fisiológicos para a anomalia, congénita ou desenvolvida mais tarde numa determinada fase da vida, não eram claros.

A distribuição de todas as sequências de microssatélites de trinucleótidos na base de dados GenBank foi pesquisada para fornecer informações sobre as síndromes de doenças genéticas humanas que resultam da expansão de microssatélites. As repetições de trinucleótidos mais frequentemente observadas e previstas experimentalmente nos doentes neuropsiquiátricos são **CAG** - Atrofia Dentatorubrpallidoluysiana (DRPLA), Atrofia Muscular Espinobulbular (SBMA), Ataxia Espinocerebelar (SCA), Doença de Huntington (DH), esquizofrenia (quadro 1), **CTG** - distrofia miotónica (DM), **CCG/CGG** - síndrome do X-frágil e **GAA** (quadro 2) e o padrão de hereditariedade a nível genético é **ligado ao X** ou **autossómico** (quadros 1 e 2).

3. Perturbações de expansão de repetições C AG

As doenças neurodegenerativas baseadas na expansão de repetições CAG, que diferem nos loci cromossómicos, podem ser identificadas da seguinte forma

3.1 Atrofia espinal e bulbular (SBMA) (Doença de Kennedy)

A idade média de início nos adolescentes é de 15 anos e nos adultos é de 30 a 40 anos (Quadro 4). Uma doença neurodegenerativa progressiva masculina ligada ao X (Xq11-12) (Quadro 1).

As anomalias clínicas incluem fraqueza dos neurónios motores inferiores, atrofia e fasciculação dos músculos da face, lábios e língua, garganta, cordas vocais, tronco e extremidades superiores, seguidas de fraqueza e perda de massa muscular (após os quinze anos de idade) (Quadro 3). Em muitos casos, observa-se ginecomastia e atrofia testicular, oligospermia e infertilidade. As mulheres portadoras são clinicamente assintomáticas (Quadro 3).

GENÉTICA

O comprimento normal das repetições é de 11-33 (CAG)n unidades de repetição tripla, sendo 33 a repetição normal mais elevada (Quadro 1), após a qual se inicia o aparecimento da doença.

Foi estabelecida uma correlação inversa entre a expansão dos comprimentos de repetição e a idade de aparecimento com outros aspectos como pares de irmãos, gémeos monozigóticos. A correlação entre o comprimento das repetições e a idade de aparecimento começa com a capacidade de subir escadas de uma criança.

A SBMA segue a linha paterna de transferência, registada com uma frequência global de 20% - 47%. Na SBMA, a expansão CAG (Quadro 1) situa-se na região de codificação do primeiro exão do recetor de androgénios (RA) e codifica um trato de poliglutamina. Apesar de os estudos fornecerem informações sobre a função tóxica da proteína de poliglutamina expandida, a função transactiva intrínseca do AR é ligeiramente diminuída na presença da poliglutamina expandida. Isto conduz provavelmente à insensibilidade parcial aos androgénios que caracteriza os doentes com SBMA.

Estão a ser realizados estudos sobre o preconceito étnico na SBMA. A análise de haplótipos implica um antepassado comum para a maioria dos doentes escandinavos com SBMA. Estão a ser realizados estudos em populações africanas, franco-canadianas, árabes e japonesas (Quadro 5).

3.2 Ataxia espinocerebelar (SCA)

A idade geral de início é de 30-40 anos e nos jovens (4 anos) (Tabela 4). As Ataxias Cerebelares Autossómicas Dominantes (ADCAs)/SCAs são um grupo de doenças clínica e geneticamente heterogéneo com três subgrupos clínicos - **ADCA tipo I - SCA 1, SCA2, SCA3 (MJD); ADCA tipo II - SCA7 e;**

ADCA tipo III -SCA6/EA

A SCA é uma doença neurodegenerativa com expansão CAG que envolve os tractos espinocerebelares, o tronco cerebral e o cerebelo e que apresenta sintomas clínicos gerais de ataxia, oftalmoparésia e um grau variável de fraqueza motora. **ADCA tipo I -** Oftalmoplegia supranuclear, atrofia ótica, demência ligeira, neuropatia periférica ou disfunção extrapiramidal. **ADCA tipo II -** distrofia macular pigmentar. **ADCAIII -** é uma síndrome cerebelar pura (Tabela 4).

GENÉTICA

Neste caso, foi registada a expansão das repetições CAG. Na SCA1, a forma juvenil está associada a expansões mais longas (Tabela 1). Na SCA3, a expansão das repetições CAG resulta numa doença chamada doença de Machado-Joseph.

Autossómica dominante, a transmissão desta doença segue a linha paterna, variando a alteração das repetições CAG entre (-4 e +28 unidades triméricas). Na transmissão materna, as alterações no tamanho das repetições variam de (-6 a +4 unidades triméricas). O locus SCA1 tem 6-40 unidades de repetição CAG normais com interrupção da sequência CAT e/ou as formas expandidas de troços contíguos $(CAG)_n$. A remoção da interrupção pode ser uma predisposição para a doença

(Tabela 1).

Quadro 1: Doenças **neurodegenerativas** associadas a expansões **exónicas** de repetições **trinucleotídicas** (**poliglutaminas**)

Disease	Gene	Repeat motifs	Transmission	Location	Chromosome	Normal repeats	Expanded repeats
Spinal and bulbar muscular atrophy(SBMA)	Androgen Receptor	CAG	X- linked	Exon 1	Xq11– 12	11– 33	40– 66
Huntington's chorea (HD)	Huntingtin	CAG	Autosomal dominant	Exon 1	4p16.3	6– 37	35– 74
Dentato rubro-Pallidoluysian atrophy/ Haw River syndrome	DRPLA	CAG	Autosomal dominant	Exon 5	12p13.31	7– 23	49– 75
Spinocerebellar ataxia type1 (SCA -1)	Ataxin- 1	CAG	Autosomal dominant	Exon 8	6p22– 23	6– 40	41– 81
Spinocerebellar ataxia type 2 (SCA -2)	Ataxin- 2	CAG	Autosomal dominant	Not known	12q24.1	17– 29	35– 59
Spinocerebellar ataxia type3 Machado Joseph disease (SCA -3)	Ataxin- 3/ Machado Joseph disease Protein 6)	CAG	Autosomal dominant	Not known	14q24.3– 32.1	13–40	62– 79
Spinocerebellar ataxia type 6 (SCA -6)	Alpha 1A- voltage dependent calcium channel	CAG	Autosomal dominant	Not known	9p13	7–17	21–30

Quadro 2: **Doenças** neurodegenerativas associadas a **expansões** de repetições de trinucleótidos não codificantes

Disease	Gene	Repeat motifs	Transmission	Location	Chromosome	Normal repeats	Expanded repeats
Myotonic Dystrophy	Myotonin protein kinase	CTG (CAG)	Autosomal Dominant	3' UTR	19q13.3	5– 35	50– 2000
Fragile X							
FRAXA	FMR- 1 Fragile X mental retardation-1gene product)	CCG (CGG)	X- linked	5 ' UTR	Xq27.3	5– 53	> 200
FRAXE	FMR- 2	CCG (CGG)	X- linked	Not known	Xq27– 28	6– 25	> 200
FRA11B	CBL- 2 proto - oncogene	CCG (CGG)	Autosomal dominant	Not known	11q 23.3	8– 11	> 200
Freidriech's ataxia	Frataxin	GAA	Autosomal recessive	Intron	19q13	8– 22	120– 1700

Está a ser estudada a prevalência da SCA numa base étnica. Foram realizados trabalhos sobre a etnia chinesa em Taiwan e sobre doentes chineses com SCA6 em termos de caraterísticas clínicas e moleculares. A doença de Machado-Joseph - SCA3 foi o tipo mais comum de SCA autossómica dominante na coorte taiwanesa, representando 35 casos (47,3%), seguida da SCA6 (8 [10,8%]), SCA2 (8 [10,8%]), SCA1 (4 [5,4%]), SCA7 (2 [2,7%]) e SCA8 (0%)[27]. Estudos efectuados na população espanhola revelaram 15% de AFS2, 15% de AFS3, 6% de AFS1, 3%

de AFS7 e 1% de AFS6. Foram também efectuados estudos sobre a AF com base na variação étnica em coreanos (Jin DK et al.; 1999) e japoneses (Quadro 5).

GENÉTICA

Neste caso, foi registada a expansão das repetições CAG. Na SCA1, a forma juvenil está associada a expansões mais longas (Tabela 1). Na SCA3, a expansão das repetições CAG resulta numa doença chamada doença de Machado-Joseph.

Autossómica dominante, a transmissão desta doença segue a linha paterna, variando a alteração das repetições CAG entre (-4 e +28 unidades triméricas). Na transmissão materna, as alterações no tamanho das repetições variam de (-6 a +4 unidades triméricas). O locus SCA1 tem 6-40 unidades de repetição CAG normais com interrupção da sequência CAT e/ou as formas expandidas de troços contíguos $(CAG)_n$. A remoção da interrupção pode ser uma predisposição para a doença (Tabela 1). A prevalência da AF numa base étnica está a ser estudada. Foram realizados trabalhos sobre a etnia chinesa em Taiwan e sobre doentes chineses com SCA6 em termos de caraterísticas clínicas e moleculares. A doença de Machado-Joseph - SCA3 foi o tipo mais comum de SCA autossómica dominante na coorte taiwanesa, com 35 casos (47,3%), seguida da SCA6 (8 [10,8%]), SCA2 (8 [10,8%]), SCA1 (4 [5,4%]), SCA7 (2 [2,7%]) e SCA8 (0%)[27]. Estudos efectuados na população espanhola revelaram 15% de AFS2, 15% de AFS3, 6% de AFS1, 3% de AFS7 e 1% de AFS6. Foram também efectuados estudos sobre a AF com base na variação étnica em coreanos (Jin DK et al.; 1999) e japoneses (Quadro 5).

3.3 Atrofia Dentatorubral-Palidoluysiana (DRPLA)

A idade de início é de um a sessenta e dois (1-62) anos, com uma idade média de início de 30 anos (Tabela 4). A DRPLA é uma doença neurodegenerativa progressiva, autossómica dominante (12p13.31), caracterizada clinicamente por: ataxia, coreoatetose, demência ou alterações de carácter (acima dos 20 anos) e ataxia, mioclonia, epilepsia, deterioração intelectual progressiva (abaixo dos 20 anos) (Quadro 3).

GENÉTICA

O comprimento das repetições CAG nos doentes com DRPLA varia entre 49 e 88, sendo que nos indivíduos normais varia entre 6 e 35 (Tabela -1). Existe uma gama de repetições intermédia que pode expandir-se na transmissão, resultando na ocorrência de sintomas na geração seguinte. As proteínas DRPLA mutantes truncadas com extensões de poliglutamina alargadas (a repetição CAG no gene DRPLA está localizada no exão 5, 1462 pb a jusante) resultam em proteínas mutantes processadas, tóxicas para as células do que as proteínas completas. A DRPLA é caracterizada pela antecipação dos sintomas da descendência 26-29 anos mais cedo do que os seus pais afectados e 14-15 anos mais cedo do que as suas mães afectadas.

Foi relatado que a DRPLA ocorre predominantemente em indivíduos japoneses. A DRPLA é relativamente mais comum entre os japoneses do que noutras populações étnicas. Rara nos EUA, a DRPLA foi descoberta numa grande família afro-americana da Carolina do Norte e designada por Síndrome de Haw River (Quadro 5).

3.4 Doença de Huntington (DH) A idade de início nos adultos é de 40-50 anos. Nos casos juvenis, a idade de início é antes dos 21 anos (Tabela 4).

A doença de Huntington (DH) é uma doença hereditária, autossómica dominante (4p16.3), transmitida geneticamente, caracterizada clinicamente por alterações de comportamento, comportamentos anti-sociais, alterações de personalidade, desorientação ou confusão, perda de memória, perda de discernimento, psicose, paranoia, alucinações, demência progressiva, marcha instável, desenvolvimento progressivo de movimentos anormais (coreiformes), movimentos bruscos descontrolados dos braços, pernas, face, tronco, ansiedade, stress e tensão, perturbações da fala, dificuldade em engolir (Quadro 3).

GENÉTICA

Resulta do aumento anormal do número de repetições CAG no gene IT-15, no cromossoma 4, que codifica a proteína huntingtina e é responsável pela doença de Huntington (DH). Devido à sua maior incidência, esta doença é classificada com base na expansão das repetições em formas normais (37 repetições), intermédias (30-38 repetições) e expandidas (38-74 repetições) (Quadro 1). Os alelos mutantes no locus HD são instáveis em aproximadamente 80% da meiose. O aumento e a diminuição das repetições de trinucleotídeos são observados mais na transmissão materna (<5 unidades de repetição). Na transmissão paterna, embora se observem novamente aumentos e diminuições nas repetições de trinucleótidos, há uma maior percentagem de aumentos, alguns dos quais muito grandes - o maior até agora registado é de 74 repetições. Este facto justifica que se considere que a linha de transmissão é paterna, especialmente nas repetições grandes (>55 repetições), incluindo todos os doentes jovens (Quadro 1).

A expansão do trinucleótido CAG é a base molecular da doença de Huntington e tem sido estudada em todo o mundo, sendo a predisposição para a doença registada a nível familiar e étnico (Quadro 5).

4. Perturbações de expansão da repetição CTG

4.1 Distrofia Miotónica (DM)

A idade de início varia entre congénita, início da vida adulta (média de 20 anos) e idade avançada (média de 40 anos) (Quadro 4).

Uma doença neuromuscular autossómica dominante (19q13.3), as anomalias clínicas incluem - fraqueza facial bilateral, lábio superior em forma de tenda, ptose unilateral ou bilateral, problemas de deglutição e alimentação - alimentação por gavagem, distensão abdominal devido a peristaltismo deficiente, hipotonia infantil generalizada grave e fraqueza muscular difusa, fraqueza no pescoço, dificuldade respiratória, miotonia ou oftalmoplegia, testículos não descidos. Além disso, artrogripose de múltiplas articulações +/- coluna cervical, luxação congénita das ancas, deformações do pé - talipes equinovarus. Em bebés, arritmias, cataratas, calvície frontal, diabetes mellitus insulino-dependente (IDDM) e atrofia testicular por perda de pêlos corporais (Tabela 3).

GENÉTICA

Uma doença de expansão de repetições CTG presente a 500 pb do trato poli-A na região não traduzida (UTR) 3' do gene do ARNm (DMPK) (Wakimoto H et al.; 2002, Fu YH et al.; 1993, Anvert M et al.; 1993, Barcelo JM et al.; 1993, Harley HG et al.; 1992). O comprimento normal das repetições é de 5-35 repetições CTG, os indivíduos ligeiramente afectados têm 50-80 repetições e os congénitos apresentam uma expansão superior a 2000 (Barcelo JM et al.; 1993, Fu YH et al.; 1993, Lavedan C et al.Foi encontrada evidência de uma predisposição familiar para o tipo de doença (ligeira, adulta, congénita) (Isashiki Y et al.; 2001, Imbert G et al.; 1993, Lavedan C et al.; 1993). A linha de transmissão materna é apoiada pelo aumento do tamanho das repetições no fluxo intergeracional, independentemente do tamanho do alelo materno. Do lado paterno, observa-se normalmente uma diminuição do número de repetições no fluxo intergeracional (Quadro 2).

Uma das estimativas de prevalência mais elevadas do mundo da distrofia miotónica (DM) foi registada na região croata de Istria. Foi descrita uma associação entre a baixa incidência de distrofia miotónica e o baixo número de repetições CTG na população chinesa Hans, tendo sido também estudada a distribuição das repetições CTG no gene da distrofia miotónica (DM) nas populações Amhara e Oromo da Etiópia (Quadro 5).

5. Perturbação de expansão de repetições CGG/CCG

5.1 Síndrome do X-frágil

A síndrome do X frágil, a forma congénita mais comum de doença neuropsiquiátrica ligada ao X, caracteriza-se clinicamente por: - (**Comportamento) -** Mau contacto visual, bater as mãos, discurso hesitante e repetitivo, hiperatividade com défice de atenção, explosões agressivas e muitas caraterísticas do autismo. **(Aparência) -** Testa alta, orelhas grandes, rosto comprido, maxilar proeminente, **(Pós-puberdade)** - Testículos grandes (macroorquidismo), enfraquecimento dos tecidos conjuntivos, articulação hiperextensível, estrias na pele (estrias), prolapso da válvula mitral. O atraso mental é a caraterística mais proeminente, sendo os homens os mais afectados, sendo hemizigóticos (XY), enquanto as mulheres podem ser portadoras. Esta doença está associada a um local frágil sensível ao folato no braço longo do cromossoma X, denominado FRAX (Quadro 3).

GENÉTICA

O gene envolvido na síndrome do X-frágil é o FMR1 para o gene do atraso mental frágil1. A síndroma do X-frágil tem principalmente dois tipos - FRAXA e FRAXE (Quadro 2).

5.1.1 FRAXA FMR1 é o gene da FRAXA. Esta doença deve-se a um elemento de repetição CGG instável amplificado na região não traduzida (UTR) *5'* do exão 1 do gene *FMR1* (Verkerk AJMH et al.; 1991). A repetição situa-se a 250 pares de bases distal de uma ilha CpG nos doentes com síndrome do X-frágil e a repetição CGG é o local de quebra preferencial do cromossoma. Na população em geral, esta repetição CGG tem normalmente 5-53 motivos de repetição. São observadas duas classes de repetições instáveis - a) homens portadores (Normal Transmitting Males-NTMs) e b) algumas mulheres portadoras, com amplificação de tamanho relativamente pequeno, referida como permutação. Estas apresentam um comprimento de repetição de CCG de 43-200 e são assintomáticas. Os indivíduos afectados têm amplificações maiores - mutação completa, 200 tripletos e podem ser mais de 1000 em número. A mutação completa do locus FRAXA está associada à metilação da ilha CpG adjacente e da repetição CGG, que não está metilada no normal e na permutação. A metilação localizada da ilha CpG e da repetição CGG interrompe a transcrição do gene FMR1, causando a perda de FMRP (proteína do gene *FMR1*), o que também indica que a síndrome do X-frágil é um gene único e não uma ordem de genes contíguos (Tabela 2).

O gene FMR1, que ocupa uma região de 38 Kb no cromossoma X com 17 exões, tem ±4,8 Kb de mRNA FMR1 transcrito. A gravidade da doença é interpretada como devida a uma mutação missense (ganho de função) no FMRP e não à sua ausência absoluta. A análise dos alelos FMR1 (CGG)n e dos haplótipos de microssatélites FRAXA na população da Gronelândia revelou as propriedades predisponentes no fluxo intergeracional da população. A análise da expansão de repetições CGG também ajudou a estabelecer a origem asiática da população da Gronelândia. A predisposição para a doença FRAXA foi igualmente registada em populações chinesas, sul-africanas, argentinas, das ilhas das Caraíbas, das Antilhas francesas e americanas (quadro 5).

Tabela 3: Caraterísticas de identificação clínica das doenças neuropsiquiátricas

Disease	Clinical features
Spino bulbar muscular atrophy (SBMA)	Kennedy's Syndrome, a motor neuron disease that is slowly progressive, only affects males.
	Uncontrollable twitching (fasciculations), followed by weakness and wasting of the muscles during early stage (15 years).
	Noticeable weakness in adulthood, (30-50 years), with symmetrical and proximal muscle cramps, affecting initially the hip & shoulder muscles.
	SBMA patients frequently exhibit bulbar muscle weakness and atrophy. The muscles of the face, lips, tongue, mouth, throat, vocal cords, trunk, and upper extremities may be fasciculated.
	Gynecomastia and infertility observed in many cases.
	Female carriers are clinically asymptomatic.
Dentatorubropallidoluysian (DRPLA)	Early-onset DRPLA (below 20 years)
	Ataxia, myoclonus, seizures, progressive intellectual
	Adult-onset DRPLA (20 years and above)
	Ataxia, choreoathetosis, dementia, psychiatric disturbance.
Spinocerebellar ataxia (SCA)	Eye movement abnormalities (nystagmus or jerkiness and double vision), blindness and damage to the retina and the macula in the eye (SCA 7), Supranuclear ophthalmoplegia.
	Gait ataxia, Dysarthria (speech difficulty).
	Peripheral neuropathy (damage to the peripheral nerves which causes the patient to have numbness or tingling in the hands and feet) seen in SCAs (SCA1, 2,3,4,7 and 8).
	Mild dementia, extra pyramidal dysfunction
Huntingtons disease (HD)	**Behavior changes**
	Personality changes, antisocial behaviors disorientation or confusion, restlessness, fidgeting.
	Psychosis, paranoia, hallucinations. Irritability, moodiness,
	Progressive dementia, loss of memory, loss of judgment, speech changes, loss of other functions (calculating, etc).
	Phenotypic changes
	Unsteady gait, facial movements, grimaces, need to turn head to shift the gaze, speech impairment.
	Progressive development of abnormal (chore form) uncontrolled slow movements. Quick, sudden, jerking movements of arms, legs, face, trunk (movement, unpredictable- jerky).
	In congenital cases, generalized hypotonia (infantile hypotonia) and diffuse muscle weakness.
	In infants, gradual improvement in muscle strength and tone but difficulty in swallowing, sucking, facial weakness
	Mental retardation (in 80% of cases)
	In children slow movement, tremor, rigidity, Arrhythmias, cataracts, frontal baldness, loss of body hair
	Testicular atrophy.
	Insulin dependent diabetes mellitus (IDDM).
	Arthrogryposis of multiple joints +/- cervical spine, congenital dislocation of hips, foot deformities - talipes equinovarus.
Schizophrenia (SCZ)	Formal thought disorder, common persecutory delusions, partition delusions, hallucinations especially auditory (can manifest in multiple modalities)
	Premorbid personality, social isolation, suspicious nature.
	Structural brain abnormalities, uncorrected excessive auditory, visual impairments in some patients.
	Bilateral facial weakness, tented upper lip, unilateral or bilateral ptosis, myotonia or ophthalmoplegia.
	Swallowing and feeding problems - gavage feeds, abdominal distention due to poor peristalsis.
	Neck weakness, respiratory distress.
	Undescended testes.
Fragile X Syndrome (FRAXA, FRAXE)	Long face- coarsening of features, large-everted ears, increased head circumference.
	Macroorchidism in post-pubertal males.
	Generalised disorder of connective tissues, hypotonia.
	Behavioural disturbances- hyperactivity, autism.

5.1.2 FRAXE

O gene FRAXE, localizado 600 Kb distal a uma ilha CpG em Xq28, é um conjunto de repetições GCC instável identificado adjacente a uma ilha CpG, que é hipermetilada em homens afectados e não metilada em homens normais. Os alelos normais têm 6-25 unidades de repetição GCC e a expansão que causa o atraso mental varia entre 2002000 pares de bases, pelo que há um aumento de 350-2600 pares de bases ou 115-850 unidades de repetição. No entanto, as fêmeas portadoras com 350-400 pares de bases não expressavam o sítio frágil e as que tinham mais de 200 cópias repetidas tinham o sítio frágil e possivelmente sofriam de deficiência mental (Isashiki Y et al.; 2001) (Quadro 2). O fenótipo da FRAXE é ligeiro e pode saltar gerações quando as repetições se contraem. Os alelos de repetição GCC da FRAXE de três populações - uma amostra euro-americana de Nova Iorque, uma amostra chinesa e uma amostra finlandesa - foram analisados por reação em cadeia da polimerase, tendo sido observada predisposição nestas populações (Quadro 5).

6. Polimorfismo; uma abordagem de estudo

As sequências de repetição de trinucleótidos caracterizam-se pela sua capacidade de sofrer mutações dinâmicas ou alterações nucleotídicas ao longo de apenas algumas gerações. Os produtos de mutações dinâmicas de trinucleótidos podem divergir ainda mais do ADN original numa meiose subsequente, estando a probabilidade de mutação diretamente relacionada com o número de unidades de repetição que conduzem ao **polimorfismo**. Os mecanismos propostos que contribuem para a instabilidade das repetições nucleotídicas incluem factores de transação, como as enzimas do ADN envolvidas na replicação e reparação. As repetições perfeitas ininterruptas são elas próprias inerentemente instáveis e provavelmente exercem poderosos efeitos desestabilizadores nas sequências repetidas de ADN. As

Tabela 4: Especificidade da expressão da doença com a idade como fator de início.

Disease	Age onset		
	Juvenile	Adolescent	Adult
SpinobulbarMuscular atrophy (SBMA)	-	15yrs	30-40
Spinocerebellar ataxia(SCA)	4	-	30-40
Dentatorubralpallisdoluysian atrophy (DRPLA	1		30-60
Huntington disease (HD)	1.-10	>21	30-50
Schizophrenia (SCZ)	**Average 15**		
Myotonic dystrophy (DM)	Congenital	Avg.20	Avg.40
Fragile-X syndrome (FRAXA, FRAXE)	Congenital		

Quadro 5: Origem genética (efeito fundador) nas doenças neuropsiquiátricas

Disease	Ethnicity (founder effect)
Spinobulbar Muscular Atrophy (SBMA)	* Northern Europe (couple who settled in New France in 1657).
Dentatorubral pallisdoluysian atrophy (DRPLA)	*Very rare outside Japan (Haw River Syndrome in USA
Spinocerebellar ataxia (SCA)	
SCA 1	*Angloceltic, Siberian
SCA 2	*Italian (especially Southern), Indian
SCA 3	* Portuguese, German, (French), Chinese
SCA 6	*Everywhere but France
SCA 7	* Uncommon everywhere
SCA 10	* Mexican
SCA 12	*Very rare in USA & UK (not found elsewhere yet)
SCA 17	*May be common (Germany & Japan)
Huntington diseases (HD)	*Western Europe (European sailor who came ashore in Venezuela)
Friedreich ataxia (FA)	* Rare in Blacks, absent in Orientals
Schizophrenia (SCZ)	*Finland, Africa
Myotonic dystrophy (DM)	not known
Fragile-X syndrome, FRAX (XL)	not known

As sequências de repetições de nucleótidos em tandem do genoma humano são polimórficas em toda a população em termos de comprimento. As sequências de ADN repetidas em tandem estão disseminadas por todo o genoma humano e apresentam um número suficiente de indivíduos numa população. Muito trabalho tem sido feito sobre o polimorfismo de locus específicos de genes em muitas doenças, incluindo doenças neuropsiquiátricas. A existência de diferenças interpopulacionais nas frequências dos alelos (polimorfismo) pode ser utilizada como um marcador genético informativo para o exame das relações genéticas como o gene MAOA entre as populações da Sibéria Ocidental. Os dados recebidos fornecem um meio para avaliar o papel do gene MAOA em várias doenças neurológicas e psiquiátricas nas quais foi implicado, incluindo a doença de Parkinson, o alcoolismo, os suicídios, a esquizofrenia e a doença maníaco-depressiva.

Das doenças neuropsiquiátricas que envolvem a expansão de trinucleótidos, o nosso foco é a Esquizofrenia, um estudo elaborado e uma análise da doença feita até agora.

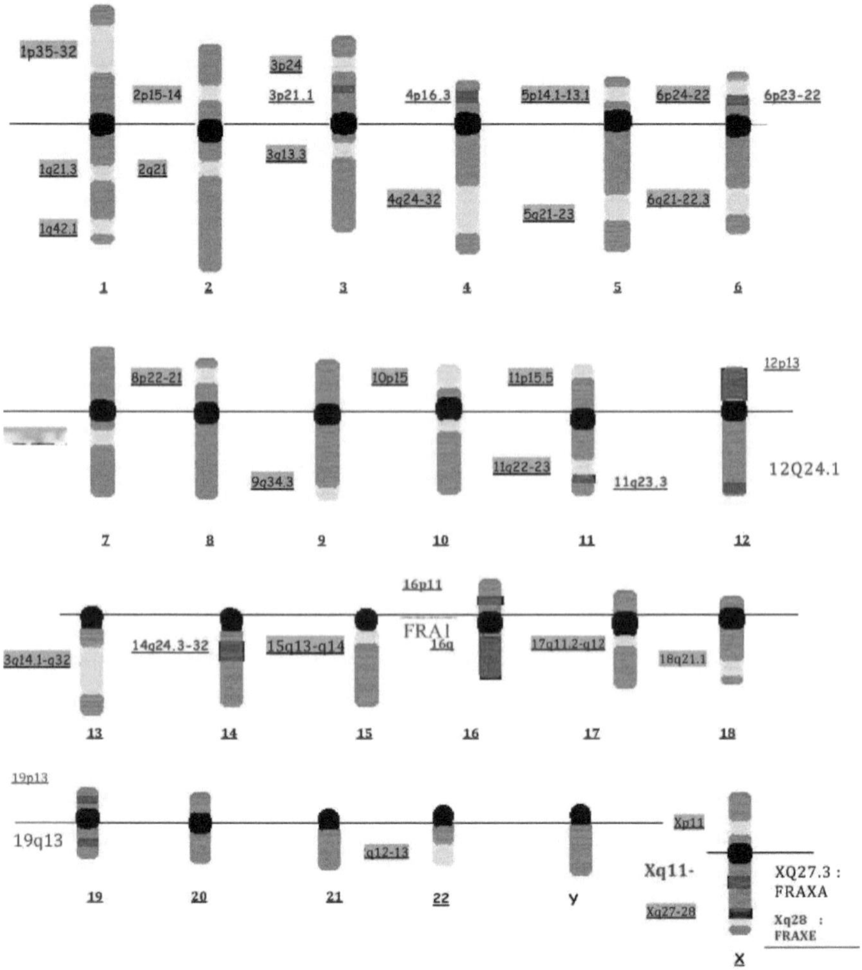

ABBREV

SBMA: Spinobulbularmuscular Atrophy, **SCA:** Spinocerebellar Ataxia,**DRPLA:** Dentatorubral Pallidolysian Atrophy , **HD:** Huntington disease , **SCZ:** Schizophrenia, **DM:** Myotonic Dystrophy
FRAX: Fragile X syndrome

Posição Cromossómica dos Genes Envolvidos em Várias Doenças Neuropsiquiátricas

Capítulo 2

Esquizofrenia

1. Diagnóstico clínico

A esquizofrenia, sendo uma das doenças psiquiátricas mais expressivas, tem a desvantagem complexa de não ser diagnosticada clinicamente, a não ser pelo aspeto comportamental. Observada como uma doença mental multifatorial debilitante, é uma perturbação psiquiátrica grave que se presume resultar de factores genéticos e ambientais. O seu modo de hereditariedade é complexo e não mendeliano. É uma doença de expansão de repetições CAG, caracterizada clinicamente por -

- Discurso desordenado com sintomas psiquiátricos como catatonia, alucinações e delírios. Discurso contínuo, frequentemente alto, sem sentido e desconexo; enquanto falam, os doentes mudam de um tópico para outro completamente não relacionado, sem se aperceberem de que não estão a fazer qualquer sentido lógico.
- Sorrir e rir para si próprio sem qualquer causa evidente. O doente começa a falar sozinho e a fazer conversas e gestos com vozes e pessoas imaginárias. Quando o doente está sozinho, sente que ouve vozes que falam sobre ele.
- Comportamento violento agudo, não provocado, rasgar a roupa, etc. Andar sem roupa e outras formas de comportamento desinibido.
- O desempenho profissional, a aparência e as relações sociais começam a deteriorar-se. Ficar sentado na mesma posição durante horas ou mesmo dias a fio. O doente deixa de tomar banho e começa a ter um aspeto desleixado, abatido e desgrenhado.
- O doente começa a desconfiar de familiares, vizinhos e amigos e sente que todos se juntaram contra ele. O doente sente frequentemente que as pessoas o estão a seguir e a espiar
- Alucinações visuais como ver coisas inexistentes. O doente sente que alguém o

controla (através de raios laser, câmaras de vídeo, poderes magnéticos, etc.) ou que toda a gente pode ler ou "ouvir" os seus pensamentos. A televisão, a rádio, o vídeo e os gestos comuns das pessoas à sua volta adquirem um significado especial para ele. O doente pode sentir que está relacionado com Deus, ministros, estrelas de cinema e que é dotado de um estatuto especial e de poderes mágicos.

- O ritmo do sono é completamente perturbado, sendo frequente o doente não dormir durante dias a fio.
- Apesar de o doente estar mentalmente doente, ele sente que está 100% bem e nega completamente a doença.

O dilema começa no início da idade adulta, resultando em incapacidades de funcionamento social e profissional ao longo da vida (Anne SB et al.; 1994) (Quadro 3).

1.1 Categorização dos sintomas

Os sintomas da esquizofrenia dividem-se em três grandes grupos

Sintomas positivos (não deficitários).

Sintomas negativos (défice).

Deficiência cognitiva.

Uma pessoa pode ter sintomas de um, dois ou todos os três grupos.

1.1.1 Sintomas positivos (não deficitários)

Os sintomas positivos incluem -

Delírios, alucinações, perturbações do pensamento e comportamento bizarro.

- Os delírios são crenças falsas que geralmente envolvem uma má interpretação de percepções ou experiências como
- Delírios persecutórios - acreditar que estão a ser atormentados, seguidos,

enganados ou espiados.

- Delírios de referência - acreditar que as passagens de livros, jornais ou letras de canções são dirigidas especificamente a eles.
- Delírios de retirada ou inserção de pensamentos - acreditar que os outros podem ler a sua mente, que os seus pensamentos estão a ser transmitidos a outros ou que os pensamentos e impulsos lhe estão a ser impostos por forças externas.
- Podem ocorrer alucinações de som, visão, olfato, paladar ou tato. As alucinações sonoras (alucinações auditivas) são de longe as mais comuns. Uma pessoa pode "ouvir" vozes a comentar o seu comportamento, a conversar entre si ou a fazer comentários críticos e abusivos.
- A perturbação do pensamento refere-se a um pensamento desorganizado que se torna aparente quando o discurso é divagante, muda de um tópico para outro e perde a sua qualidade orientada para um objetivo. O discurso pode ser ligeiramente desorganizado ou completamente incoerente e incompreensível.
- O comportamento bizarro pode assumir a forma de tolices infantis, agitação ou aparência, higiene ou conduta inadequadas. A catatonia é uma forma extrema de comportamento bizarro em que a pessoa mantém uma postura rígida e resiste aos esforços para ser movida ou, pelo contrário, apresenta uma atividade motora sem objetivo e sem estímulo.

1.1.2 Sintomas negativos (défice)

Os sintomas negativos da esquizofrenia incluem -

Afeto diminuído, pobreza de discurso, anedonia e associalidade.

- O embotamento afetivo refere-se ao achatamento das emoções, como o rosto de uma pessoa que pode parecer imóvel; ela faz pouco contacto visual e não tem expressividade emocional. Os acontecimentos que normalmente fariam uma pessoa rir ou chorar não produzem qualquer reação.
- A pobreza de discurso refere-se à diminuição dos pensamentos reflectida numa

quantidade reduzida de discurso. As respostas às perguntas podem ser concisas, talvez uma ou duas palavras, criando a impressão de um vazio interior.

- A anedonia refere-se a uma diminuição da capacidade de sentir prazer; a pessoa pode ter pouco interesse em actividades anteriores e passar mais tempo em actividades sem objetivo.

- A associalidade refere-se a uma falta de interesse nas relações com outras pessoas. Estes sintomas negativos estão frequentemente associados a uma perda geral de motivação, sentido de objetivo e objectivos.

1.1.3 Deficiência cognitiva

O défice cognitivo refere-se à dificuldade em -

Concentração e memória, organização, planeamento e resolução de problemas.

- A pessoa é incapaz de se concentrar o suficiente para ler, acompanhar a história de um filme ou programa de televisão ou seguir instruções.

- A pessoa é incapaz de ignorar distracções ou de se manter concentrada numa tarefa. Consequentemente, o trabalho que envolve atenção aos pormenores, envolvimento em procedimentos complicados e tomada de decisões pode ser impossível.

1.2 Identificação da esquizofrenia

1.2.1 Critérios para Esquizofrenia no DSMIV Sintomas da fase ativa:

Duas ou mais das seguintes situações, cada uma delas presente durante uma parte significativa do tempo num período de um mês (ou menos, se o tratamento for bem sucedido) (Michael G et al.; 1996)-

- Ilusões

- Alucinações
- Discurso desorganizado (desvios frequentes ou incoerência)
- Comportamento grosseiramente desorganizado ou catatónico
- Sintomas negativos - achatamento afetivo, alogia ou avolição.
- Disfunção social/ocupacional
- Durante uma parte significativa do tempo desde o início da perturbação, uma ou mais áreas principais do funcionamento, tais como o trabalho, as relações interpessoais ou os cuidados pessoais, estão acentuadamente abaixo do nível atingido antes do início da perturbação (ou, quando o início da perturbação se situa na infância ou na adolescência, a incapacidade de atingir o nível esperado de realização interpessoal, académica ou profissional).

Duração

Os sinais contínuos da perturbação persistem durante, pelo menos, seis meses. Este período de seis meses deve incluir, pelo menos, um mês de sintomas (ou menos, se tratados com sucesso) que correspondam aos sintomas da fase ativa e pode incluir períodos de sintomas prodrómicos ou residuais. Durante estes períodos, os sinais da perturbação podem manifestar-se apenas por sintomas negativos ou por dois ou mais sintomas positivos.

1.2.2 Critérios sintomáticos para a esquizofrenia na CID10

O requisito normal para o diagnóstico de Esquizofrenia é que um mínimo de um sintoma muito claro e, normalmente, dois ou mais, se menos claros, pertencentes a qualquer um dos grupos enumerados (1-4) ou sintomas de, pelo menos, dois dos grupos referidos como (5-8) devem estar claramente presentes na maior parte do tempo durante um período de um mês ou mais.

- Pensamento - eco, inserção, retirada ou emissão.
- Delírios de controlo, influência ou passividade, claramente referidos a movimentos do corpo ou dos membros ou a pensamentos, acções ou sensações específicas, perceção delirante.

- Vozes alucinatórias que comentam constantemente o comportamento do doente ou que discutem entre si ou outros tipos de vozes alucinatórias provenientes de alguma parte do corpo
- Ilusões persistentes de outro tipo, culturalmente inadequadas e completamente impossíveis.
- Alucinações persistentes em qualquer modalidade, quando acompanhadas de delírios fugazes ou semi-formados sem conteúdo afetivo claro ou de ideias persistentes sobrevalorizadas ou quando ocorrem todos os dias durante semanas ou meses ou até ao fim.
- Quebras ou interpolações na linha de pensamento, resultando em incoerência ou discurso irrelevante ou neologismo.
- Comportamentos catatónicos como excitação, postura ou flexibilidade ondulante, negativismo, mutismo e estupor.
- Sintomas "negativos", como apatia, escassez de discurso e embotamento ou incongruência das respostas emocionais, que geralmente resultam em retraimento social e diminuição do desempenho social. Deve ficar claro que estes sintomas não se devem à depressão ou à medicação neuroléptica. Uma mudança significativa e consistente na qualidade global de alguns aspectos do comportamento pessoal manifesta-se como perda de interesse, ociosidade, uma atitude egocêntrica e retração social.

Duração

O síndroma deve estar presente durante seis meses para que o diagnóstico possa ser efectuado. Para que seja feito um diagnóstico de Esquizofrenia, os sintomas devem persistir durante pelo menos 6 meses e estar associados a uma deterioração significativa do trabalho, da escola ou do funcionamento social. A informação da família, amigos ou professores é frequentemente importante para determinar quando é que a perturbação começou.

Capítulo 3

1.3 Classificação da esquizofrenia na CID10 e no DSMIV 1.3.1 Paranoide

Delírios paranóides bem organizados. Os processos de pensamento e o humor são relativamente poupados e o paciente pode parecer normal até que suas crenças anormais sejam descobertas. O acompanhamento mostra que a esquizofrenia paranoide tem um início mais tardio e mais agudo do que outros subtipos de esquizofrenia e tende a ter um curso mais remitente.

CID10 *   DSMIV*

ParanóicoParanóico

HebefrénicoDesorganizado

CatatoniaCatatonia

IndiferenciadoIndiferenciado

ResidualResidual

Esquizofrenia simples

Pós-esquizofrenia

Outra esquizofrenia

Esquizofrenia não especificada

* Michael Get al.; 1996.

1.1.2 Hebefrénico

O seu comportamento é tonto e infantil. Os sintomas afectivos e a perturbação do pensamento são proeminentes. Os delírios são comuns e não são muito organizados. As alucinações também são comuns e não são elaboradas.

1.1.3 Catatonia

Caracteriza-se por sintomas motores e por alterações da atividade que variam entre a excitação e o estupor. As alucinações, os delírios e os sintomas afectivos ocorrem, mas são geralmente menos evidentes.

1.3.4 Esquizofrenia latente

As pessoas desde tenra idade comportam-se de forma estranha e apresentam caraterísticas de esquizofrenia.

1.3.5 Esquizofrenia simples

As pessoas desenvolvem sintomas após um período de desenvolvimento mais normal. Desenvolvimento insidioso de comportamentos estranhos. Desenvolvimento gradual de retração social, falta de iniciativa e embotamento das emoções.

Comportamentos "negativos" não acompanhados de comportamentos "positivos" como alucinações, delírios.

1.3.6 Esquizofrenia residual

Doentes com um quadro clínico completo de Esquizofrenia no passado, mas que já não apresentam todos os sintomas necessários para fazer o diagnóstico.

1.4 Factores que predizem o tipo de Esquizofrenia

No quadro A são apresentados alguns factores úteis para determinar o tipo de esquizofrenia.

1.5 Factores que indicam a gravidade da doença

Embora a gravidade e os tipos de sintomas variem entre as diferentes pessoas com Esquizofrenia, os sintomas são geralmente suficientes, pelo menos durante a fase ativa da doença, para interferir com a capacidade de trabalhar, interagir com as pessoas e cuidar de si próprio. Em algumas pessoas com Esquizofrenia, a capacidade mental diminui, levando a uma diminuição da capacidade de prestar atenção, pensar em abstrato e resolver problemas. A gravidade da deficiência mental é um fator determinante da incapacidade global das pessoas com Esquizofrenia.

1.5.1 Esquizofrenia ligeira

1.5.1.1 Sintomas típicos de uma pessoa com Esquizofrenia Ligeira

- É pouco provável que as pessoas com Esquizofrenia Ligeira tenham quaisquer problemas perceptíveis e causem pouca ou nenhuma incapacidade funcional no dia a dia. Para o observador casual, o seu comportamento parece ser normal ou talvez ligeiramente excêntrico.
- O seu estado de espírito será normal.
- Estará alerta e orientado, sem sinais de confusão, perda de memória e falta de concentração.
- Não há indícios de pensamento desordenado ou de juízo prejudicado.

1.5.1.2 Cuidados e mobilidade

- Podem ter frequentado uma clínica de saúde mental no passado ou frequentá-la com pouca frequência, por exemplo, uma vez por ano. Muitos podem estar apenas sob os cuidados dos seus médicos de clínica geral, que consultam com pouca frequência.
- Algumas pessoas podem ter um longo historial (muitos anos) da doença ou apresentar um historial de um internamento hospitalar seguido de uma boa recuperação. O internamento compulsivo nem sempre é necessário em caso de recaídas, que ocorrem à medida que a pessoa compreende melhor a sua doença. A maioria das pessoas com formas mais ligeiras de Esquizofrenia recupera completamente de um episódio e não volta a sofrer da doença.

- Uma pequena dose de medicamentos como a olanzapina ou a clorpromazina, se necessário, seria tomada diariamente. A maioria das pessoas tomaria esta medicação por si própria sem a intervenção de um familiar.

- Pessoas com esquizofrenia ligeira e pessoas que recuperaram totalmente de

Mild-Average Schizophrenia	**Chronic Schizophrenia**
Sudden onset	Insidious onset
Short period	Long period
No previous psychiatric history	Previous psychiatric history
Prominent affective symptoms	Negative symptoms
Paranoid type of illness	enlarged lateral ventricles; Male gender.
Older age of onset	Younger age of onset
Married ;	Single,separated,widowed, divorced
Good previous personality	Abnormal previous personality
Good work record	Poor work record.
Good social relationships	Social isolation.
Positive (non deficit) subtype the disorder.	Negative (deficit) subtype of Of the disorder.

Tabela A: Factores que predizem o tipo de esquizofrenia

um episódio agudo, é de esperar que sejam capazes de cuidar de si próprios, ou seja, manter a higiene pessoal, preparar refeições, etc.

- Não necessitariam de ser vigiados para evitar comportamentos anómalos ou indesejáveis.
- É provável que uma pessoa com Esquizofrenia Ligeira viva de forma independente, sozinha ou com a sua família.

• Podem trabalhar ou, se forem mais jovens, estar a estudar.

- Não teriam qualquer dificuldade em orientar-se num ambiente familiar ou desconhecido, porque não sentem qualquer confusão, desatenção, perda de memória ou perturbação da capacidade de discernimento.
- As pessoas com esquizofrenia têm uma evolução satisfatória, tendo algumas delas sofrido apenas um ou muito poucos episódios de doença aguda com recuperação completa.

1.5.1.3 Prognóstico

- A recuperação total ocorre nos primeiros dois anos.
- Os sintomas são frequentemente inexistentes nos últimos anos de vida.
- Doentes com bom desempenho social.
- Remissão completa e normal na forma ligeira.
- Durante períodos mais longos, as pessoas obtêm melhorias significativas e duradouras.

1.5.2 Média (Moderada) Esquizofrenia

1.5.2.1 Sintomas típicos de uma pessoa com Esquizofrenia Média (Moderada)

- As pessoas com esquizofrenia moderada podem ter alucinações, delírios e pensamentos desordenados de tal forma que são incapazes de iniciar ou completar as tarefas habituais da vida quotidiana.

- Pode ocorrer auto-negligência, isolamento social e retração social.
- Podem estar presentes confusão, discurso incoerente, diminuição da memória e perturbação da capacidade de discernimento.
- O conhecimento do seu estado de saúde pode ser limitado e a necessidade de tratamento negada.

1.5.2.2 Cuidados e mobilidade

- É provável que uma pessoa com Esquizofrenia Moderada tenha a doença há alguns anos ou esteja a recuperar de um episódio agudo tratado nos últimos 12 a 18 meses. As pessoas com uma longa história terão um registo de internamentos hospitalares.
- As pessoas que desenvolveram a doença nos anos mais recentes podem ter sido tratadas nos institutos de saúde mental da comunidade.
- Uma pessoa com esquizofrenia moderada visita regularmente a clínica psiquiátrica, por exemplo, de três em três meses, para ser supervisionada na sua medicação e monitorizar o seu estado mental e, provavelmente, algumas frequentam o centro de dia regularmente todas as semanas.
- As pessoas com Esquizofrenia Moderada tomam a sua medicação de forma independente, mas muitas delas têm a sua medicação supervisionada, quer sob a forma de injecções, quer sob a forma de um cuidador que lhes pede diariamente para tomarem os comprimidos.
- As pessoas com esquizofrenia moderada, no extremo menos grave do espetro, podem necessitar de atenção para garantir que a medicação é tomada, que são preparadas refeições regulares e que a higiene pessoal é mantida.
- Serão criados mecanismos de apoio para manter uma rotina estável para o

indivíduo e reduzir o grau de isolamento social.

- As pessoas cuja deficiência se situa no extremo mais grave do espetro podem necessitar de uma maior supervisão durante o dia.
- A maioria vive em casa, sozinha ou com a família. Alguns vivem em alojamentos protegidos - pequenos apartamentos ou casas de habitação onde se encontra um zelador ou onde os trabalhadores de apoio os visitam algumas vezes por semana. Alguns podem viver em casas com várias outras pessoas com problemas de saúde mental, onde um trabalhador de apoio estará presente todos os dias para estar presente em caso de emergência, não para vigiar os residentes.
- É provável que as pessoas com este grau de perturbação psicológica sejam capazes de se orientar em locais desconhecidos.

Algumas pessoas podem apresentar um risco de suicídio, especialmente se tiveram alta hospitalar mais recentemente. Algumas pessoas apresentam recaídas e remissões ao longo dos anos, mas recuperam completamente de um episódio e não voltam a sofrer da doença.

- Respondem moderadamente bem ao tratamento e conseguem viver na comunidade com diferentes graus de independência.

1.5.2.3 Prognóstico

- A recuperação total pode ocorrer nos primeiros dois a quatro anos.
- Os sintomas tornam-se frequentemente menos graves nos últimos anos de vida.
- Doentes com bom desempenho social.
- Durante períodos mais longos, as pessoas obtêm algumas melhorias com recaídas intermitentes e incapacidades residuais.

1.5.3 Esquizofrenia crónica (grave)

1.5.3.1 Sintomas típicos de uma pessoa com Esquizofrenia Crónica (Grave)

- As alucinações, os delírios e as perturbações do pensamento prejudicam a capacidade de realizar as tarefas normais da vida quotidiana.
- A pessoa está desorientada, confusa, com falta de concentração e perda de memória.
- A fala pode ser ininteligível.
- Por vezes, o comportamento é bizarro, antissocial e, muito ocasionalmente, hostil ou agressivo.
- Algumas pessoas podem ser muito retraídas e apáticas, com uma interação social mínima, de tal forma que a auto-negligência é grave.
- Alguns podem apresentar risco de suicídio, especialmente se houver história de uma tentativa anterior de suicídio.
- O conhecimento da doença pode ser muito limitado.

1.5.3.2 Cuidados e mobilidade

Terão uma longa história de doença com múltiplos internamentos no hospital, muitas vezes prolongados.

• Pode frequentar regularmente uma clínica psiquiátrica. Pode também frequentar um centro de dia.

- A medicação será supervisionada sob a forma de injecções de depósito ou por um prestador de cuidados se for administrada por via oral. É provável que as injecções de depósito sejam administradas 2 ou 3 vezes por semana em doses mais elevadas. Podem ser administrados 3 ou 4 medicamentos com os anti-psicóticos nas doses mais elevadas.

- As pessoas com esquizofrenia grave necessitam de supervisão diária regular para evitar a auto-negligência e o declínio para um comportamento apático.
- Pode ser necessária a intervenção de terceiros se a pessoa estiver a delirar ou a alucinar. Nos casos de comportamento muito perturbado, pode ser necessário vigiar a pessoa durante a noite.
- O risco de suicídio é maior nas pessoas cujos sintomas não estão a responder bem ao tratamento, muitas vezes no contexto de uma recaída recente da doença.
- É provável que as pessoas desta categoria vivam em alojamentos protegidos ou supervisionados, onde o pessoal está disponível 24 horas por dia.
- A desatenção, a confusão, o discurso incoerente, a perda de memória e a incapacidade de discernimento são susceptíveis de indicar que uma pessoa necessitará de orientação e supervisão fora de portas. Por conseguinte, são necessários cuidados formais de acompanhamento na comunidade, incluindo a dispensa sob secção/supervisão.
- Reagir mal e ter deficiências significativas a longo prazo que exijam um elevado grau de cuidados num lar de grupo supervisionado.
- Após 5 anos de doença, é pouco provável que se registe uma melhoria significativa.

1.5.3.3 Prognóstico

- A recuperação total raramente ocorre após cinco anos de doença.
- Os sintomas tornam-se frequentemente mais graves nos últimos anos de vida. Doença recorrente, um padrão de recaída e remissão ao longo dos anos, cada episódio subsequente assemelha-se geralmente ao primeiro nas suas caraterísticas clínicas, com os sintomas negativos da doença a tornarem-se mais predominantes com o passar dos anos.
- Os doentes tendem a ser afectados pelos sintomas residuais contínuos.

- Os doentes com gravidade da doença necessitavam de cuidados protegidos de longa duração.
- Durante períodos mais longos, sofrer uma incapacidade grave e permanente.

Capítulo 4

Reconhecimento histórico da doença

Historicamente, o documento mais antigo sobre a doença do tipo esquizofrénico é apenas o de Charaka, no Aurveda, escrito há cerca de 33 séculos, que descreve o doente como alguém "guloso, imundo, que anda nu, que perdeu a memória, que se move de forma inquieta". O conhecimento do Ocidente, que se impôs nos últimos séculos, descrevia a esquizofrenia em termos mais precisos. A Morel é geralmente atribuída a descrição, em l860, de "demência precoce", semelhante ao atual conceito de esquizofrenia, embora Haslam, já em 1801, tivesse descrito claramente a síndrome. A cristalização da compreensão desta doença só ocorreu em 1896, quando Emile Kraepelin formou o conceito de "demência precoce", referindo-se à deterioração mental que começa cedo na vida. Ele reuniu, sob a rubrica, diferentes síndromes descritas anteriormente. Ktatonia por Kahlbaum (1868), Paranoia por Sander (1868) e Hebefrenia por Hecker (1870), Kraeplin enfatizou o curso e o resultado da doença como uma caraterística diferenciadora das outras doenças. No entanto, a descrição da doença como uma doença em deterioração não correspondia ao que era observado no acompanhamento dos doentes. Um resultado desta observação foi a abordagem do diagnóstico baseada nos sintomas e não nos resultados, adoptada por Eugene Bleuler. Ele cunhou o termo "Esquizofrenia" em 1911, considerando a doença como um grupo e não como uma entidade única. Descreveu quatro sintomas primários - autismo, ambivalência, afrouxamento da associação e achatamento afetivo - como o núcleo da perturbação, subjacentes a manifestações clínicas como delírios e alucinações.

3. Abordagem de estudo multifatorial

O estudo da esquizofrenia, iniciado em 1846 por Emile Kraeplin, tem sido desde então uma questão discutível a nível genético e molecular. A etiologia da esquizofrenia como doença genética, embora não seja facilmente identificável, propõe-se que envolva genes em interação. Apesar dos numerosos estudos efectuados, a base genética da esquizofrenia continua a ser elusiva. Uma série de factores, nomeadamente a diversidade fenotípica, a heterogeneidade etiológica, a penetrância incompleta, o modo de hereditariedade desconhecido, a incerteza quanto ao número de loci envolvidos e quanto à sua interação, confundem esta doença. Além disso, os relatos da existência de casos não genéticos ou de fenocópias foram remetidos para uma etiologia complexa e multifatorial sem correlações biológicas firmemente estabelecidas.

4. Neuropatologia

Estudos morfológicos realizados nos cérebros post-mortem de indivíduos afectados revelaram perturbações no desenvolvimento cerebral em várias regiões do cérebro. Isto inclui ventrículos laterais aumentados e anomalias nos lobos frontal e temporal, bem como noutras regiões como a parietal, occipital, tálamo e cerebelo. Assim, ao contrário de outras perturbações mentais como a DA e a DP, em que a fisiopatologia está localizada numa determinada região do cérebro, a Esquizofrenia envolve múltiplos domínios do cérebro. Estudos recentes em doentes com o primeiro episódio apoiam a noção de que a Esquizofrenia pode dever-se a uma alteração estrutural progressiva do cérebro. No entanto, as tentativas de estabelecer relações entre as alterações morfológicas e a Esquizofrenia são decepcionantes. Este insucesso é atribuído principalmente à variabilidade da doença, bem como à sobreposição das alterações estruturais com indivíduos de controlo. Além disso, no passado, havia um desacordo entre os clínicos relativamente ao seu diagnóstico, mas agora existem vários critérios de diagnóstico padronizados e avanços recentes, como os défices de atenção sustentada, a disfunção dos movimentos oculares e os défices neurocomportamentais, que também são úteis para identificar preditores de doença. Embora a etiologia exacta da Esquizofrenia não seja conhecida e não existam marcadores biológicos (por exemplo, placas, emaranhados e corpos de Lewy), os estudos epidemiológicos identificaram uma série de factores ambientais associados à Esquizofrenia. Estes incluem o local, a estação de nascimento e a infeção perinatal.

O facto de um vírus poder causar uma doença neuropsiquiátrica foi confirmado quando Pasteur isolou o vírus da raiva em 1881. Foi anteriormente proposto que os retrovírus poderiam ser factores etiológicos para o desenvolvimento da esquizofrenia. Durante a gravidez, acredita-se que a infeção por retrovírus causa um comprometimento no desenvolvimento do cérebro do feto. No entanto, durante algum tempo, esta hipótese careceu de apoio e permaneceu por provar. Recentemente, verificou-se que o líquido cefalorraquidiano de 28,6% dos doentes com esquizofrenia de início recente continha a sequência retroviral endógena humana [(HERV)-W] e que o gene se encontrava ativado por transcrição no córtex frontal post-mortem de indivíduos com esquizofrenia. Esta é a primeira prova que apoia a proposta anterior sobre a etiologia viral da esquizofrenia. Se for replicada por outras pessoas no futuro, pode significar que, em alguns doentes, o aparecimento da Esquizofrenia pode dever-se à ativação de um determinado elemento viral no cérebro, o que pode alterar a nossa compreensão da etiopatogénese da doença.

5. Estudos de ligação

No caso de doenças não mendelianas com um modo de hereditariedade complexo, a identificação de loci de suscetibilidade por segregação e análise de ligação é difícil. Para este efeito, os estudos de associação podem ajudar a identificar os genes que contribuem para a doença. O estudo de associação baseia-se no pressuposto de que um marcador genético ocorre mais frequentemente nas doenças do que nos controlos. É provável que esses marcadores polimórficos estejam associados ao locus de suscetibilidade ou em desequilíbrio de ligação com a região de suscetibilidade. Os estudos de ligação são a base das estratégias de descoberta de genes adoptadas pelos investigadores actuais que trabalham no aspeto molecular da genética neuropsiquiátrica. Devido à variabilidade do fenótipo da Esquizofrenia, bem como ao seu complexo modo de hereditariedade, a identificação dos genes envolvidos utilizando estratégias genéticas tradicionais, como a análise de segregação e de ligação, tornou-se um problema difícil. Os primeiros estudos de ligação baseavam-se nos pressupostos tradicionais de que um único gene dominante produzia a doença. Estes estudos foram, em geral, mal sucedidos. Além disso, as primeiras tentativas de modelação da transmissão genética nas famílias (utilizando a análise segregacional) sugeriam que a hereditariedade não podia ser explicada por um único gene dominante. Tipicamente, os estudos de ligação incluem modelos dominantes, recessivos e mistos.

Capítulo 5

Genética da esquizofrenia

5.1 Estudos sobre gémeos, adoção e família

Estudos familiares, de gémeos e de adoção forneceram provas consistentes de que os genes desempenham um papel importante no desenvolvimento da esquizofrenia. A taxa de concordância em gémeos monozigóticos é de aproximadamente 50%, em comparação com 10-14% para os gémeos dizigóticos, o que sugere que a hereditariedade varia tipicamente entre 50-85% do risco total. Além disso, o recente estudo sobre gémeos sugere que existe uma sobreposição entre a esquizofrenia, a perturbação esquizoafetiva e as síndromes maníacas.

Até agora, todos os estudos de adoção mostraram que os familiares biológicos de doentes com esquizofrenia têm um risco mais elevado de sofrer de esquizofrenia e de perturbações do espetro da esquizofrenia. Em vários estudos europeus, o risco de esquizofrenia foi cerca de 10 vezes superior nos irmãos ou descendentes de doentes com esquizofrenia, em comparação com a população em geral.

5.2 Estudos de todo o genoma

A procura do gene da esquizofrenia parece ter tido um início auspicioso quando Sherrington etal (1988) relataram fortes evidências estatísticas de ligação a marcadores de ADN no cromossoma 5q11-13 na população britânica e islandesa. A sua comunicação foi feita com base num modelo de hereditariedade dominante e numa definição alargada da doença, mas a incapacidade de reproduzir esta descoberta em amostras independentes constituiu um obstáculo ao estudo da doença. A descoberta inicial foi, no entanto, retirada após uma análise mais extensa da amostra original e de dados adicionais. As tentativas iniciais de isolar os principais genes através de estudos de ligação não tiveram êxito, mas abordagens mais recentes, utilizando métodos cada vez mais sofisticados, revelaram várias regiões cromossómicas que podem albergar genes de efeito menor.

Uma extensa análise de ligação ao nível do genoma, bem como uma análise baseada na família, sugere a existência de múltiplos loci de suscetibilidade nos cromossomas, tendo sido apresentadas provas significativas ou sugestivas de ligação no caso de doentes esquizofrénicos (Lander Eet al.(1995) foram registadas em vários cromossomas - 1q21-22, 1q32.2, 1q32-41, 4q31, 5p13-14, 5q22-31, 5q33.2, 6q21-22, 6p21.3, 6p22-24, 7q22, 8p21-22, 9q21-22, 10p11-15, 11q23.3-24, 13q14-32, 15q15, 20q12.1-11.23, 22q11-13 e Xp11.

Para além disso, vários outros estudos referiram a existência de ligação a 3p, 5q, 6p23, 6q, 8p, 9q, 10p, 13q32, 15q, 20p, 22q e Xp22 (Tabela 6). O primeiro estudo publicado que utilizou Polimorfismos de Fragmentos de Restrição (RFLP) relatou uma ligação entre dois marcadores no braço longo do cromossoma 5 (5q11-13) e a Esquizofrenia. No entanto, nos últimos anos, os RFLP foram em grande parte substituídos por marcadores de ADN microssatélites que contêm múltiplas cópias em tandem de sequências simples de nucleótidos di, tri e tetra. Utilizando marcadores de microssatélites e famílias com esquizofrenia multiplex, foi encontrada evidência de ligação ao braço curto do cromossoma 6 (6p22). Em três estudos independentes, foram encontradas provas de ligação ao 6p22. Para além de 6p22-24, pelo menos duas outras regiões produziram evidência de ligação à Esquizofrenia. Ann Pulver e colegas descreveram pela primeira vez evidências de ligação sugestiva ao cromossoma 8 em 8p22-p21. Foi descrita evidência sugestiva de um terceiro locus de vulnerabilidade potencial para o cromossoma 22 em q12-q13.1. É possível que existam genes de suscetibilidade à Esquizofrenia numa área de cerca de 10-20 cM nestas regiões, podendo cada um deles afetar uma pequena percentagem de famílias. Várias outras regiões têm sido objeto de atenção, mas as provas são menos convincentes. Estas regiões incluem, atualmente, 5q, 6q, 9p, 18p e 22q (Quadro 6).

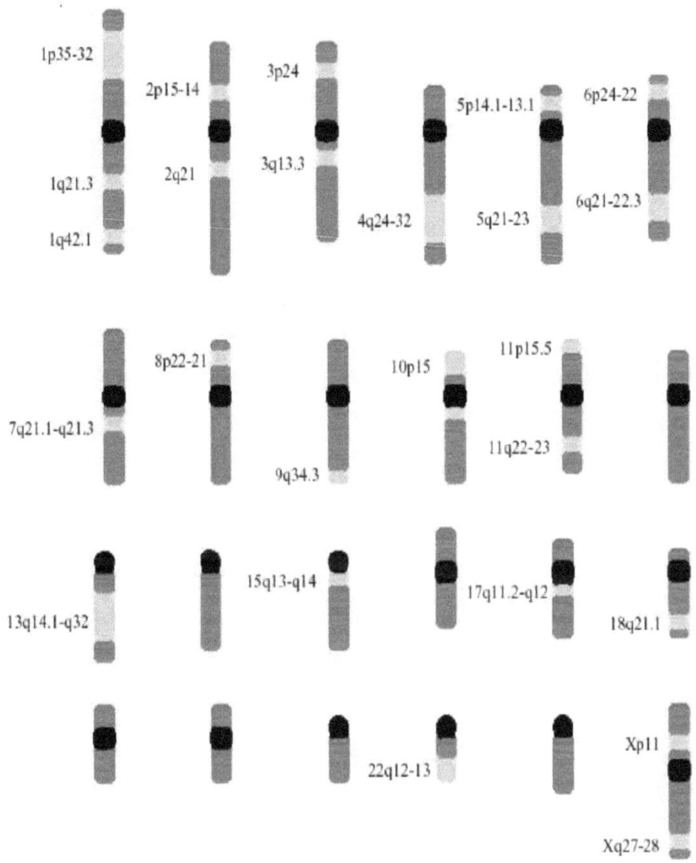

Estudo de ligação e associação baseado nas posições cromossómicas dos genes implicados na esquizofrenia

7. Farmacogenética

7.1 Abordagem do gene candidato

Um grande número de genes putativos, selecionados com base em provas bioquímicas e farmacológicas, e de sítios candidatos identificados através de análises do genoma, foram testados para verificar a sua associação ou ligação com a esquizofrenia (Quadro 6). Alguns destes receptores produzem sintomas esquizofrénicos (Aghajanian e Marek; 2000, Gargus et al.; 1998, Tsai et al.; 1998). Os neurotransmissores têm sido implicados na etiologia da Esquizofrenia desde a altura em que foi concebida a hipótese da Dopamina. O grupo monoaminérgico de neurotransmissores, os seus receptores e os genes envolvidos na sua captação, síntese, transporte, recaptação e degradação podem desempenhar um papel importante na patogénese da Esquizofrenia.

Os grupos **dopaminérgicos** e **serotoninérgicos** (quadros 7 e 8), o papel de outros neurotransmissores e os genes envolvidos no seu metabolismo, como o ácido b-amino-butírico (**GABA**) tipo A, também foram avaliados. Alguns cientistas defendem o ponto de vista de que o excesso de produção de dopamina é a causa da esquizofrenia, que se diz desempenhar um papel significativo no funcionamento mental de um indivíduo suscetível a uma condição psiquiátrica anormal.

Até à data, foram identificados cinco **receptores de dopamina** (quadro 7), classificados em duas famílias - **D1**: família constituída por dois receptores - recetor de dopamina D1 (**DRD1**) e **DRD5** (quadro 7) e **D2**: família constituída por três receptores - **DRD2, DRD3** e **DRD4** (quadro 7), cada recetor é constituído por cerca de 400 aminoácidos e é uma proteína transmembranar com sete domínios hidrofóbicos que atravessam a membrana neural. Para além dos receptores dopaminérgicos, o gene **do transportador de dopamina** (**DAT**), localizado no cromossoma 5p15.3, envolvido na recaptação da dopamina no terminal pré-sináptico, também foi considerado como um possível candidato à esquizofrenia. Foi identificado um polimorfismo VNTR de 40 pb na região 3'não traduzida deste gene DAT. Observou-se que os alelos com 9 e 10 repetições são predominantes na maioria das populações, embora os estudos de associação com um polimorfismo RFLP devido ao local de restrição *Taq1* no gene DAT também não tenham produzido quaisquer resultados significativos.

Sugere-se que **a tirosina hidroxilase (TH)**, enzima limitadora da taxa na via dopaminérgica, com um alelo raro de repetição tetranucleotídica HUMTHO1, localizado no primeiro intrão da TH, esteja associada à esquizofrenia, mas existem também vários relatos contrários.

A serotonina, outro neurotransmissor importante que rege alguns dos aspectos comportamentais como o sono, o humor, as alucinações e a depressão e que, para além do cérebro, está presente em certos tecidos do corpo como os músculos lisos e nas plaquetas sanguíneas, é também um forte candidato ao estudo do estabelecimento da esquizofrenia. Até à data, foram identificados sete receptores de serotonina (quadro 8): 5HT-1, 5HT-2, 5HT-3, 5HT-4, 5HT-5, 5HT-6 e 5HT-7. Há provas de que existem 5 subtipos distintos de 5HT-2 e 3 subtipos distintos de 5HT-3. Foi descrito um polimorfismo em vários genes da via serotoninérgica e a maioria destes genes foi estudada para detetar a associação com a Esquizofrenia. Estes incluem **os receptores de serotonina do transportador de serotonina (SERT ou 5-HTT)**: 5-HT1A, 5HT1d beta, 5-HT2A, 5- HT2C, 5-HT6, 5-HT7.

A monoamina oxidase (MAO) e a **catecol O-metiltransterase (COMT)** são duas enzimas importantes envolvidas no catabolismo dos neurotransmissores. **A MAO**, presente tanto no terminal pré-sináptico como na célula pós-sináptica, decompõe o excesso de dopamina e de serotonina. **A COMT** (quadro 6) é outra enzima inactivadora presente nas células pós-sinápticas da sinapse da dopamina ou da NE, mas não da serotonina. Floderus et al (1981) relataram uma maior atividade da COMT em esquizofrénicos, que não foi replicada em muitos estudos subsequentes. O gene COMT foi mapeado no cromossoma 22q13 e microdeleções nesta região levam a uma série de doenças, incluindo a doença velocardiofacial

Tabela 6: Genes putativos e regiões cromossómicas estudados para a Esquizofrenia utilizando estratégias de ligação e associação.

Chromosome No.	**Chromosomal region**	**Gene associated**
1	1p 35-32	•
	1q 42.1 Translocation (1q44)	•
	1q21.3	hSKCa3 gene,CTG-B1(P66beta)
2	(2p15-14)	•
	2q21	Balanced translocation
3	3p21.2-22	CTG-B37
	3p 24	•
	3q 13. 3	Dopamine receptor D3 gene
4	4p	•
	4q 24-32	•
5	5p14. 1-13. 11	•
	5q21-23	•
6	**6p21.32**	**NOTCH4**
	6p22.3-24.1	**DTNBP1**
	6p24-22	•
	6q16.3-q21	**GRIK2**
	6q 21-22. 3	HLA genes
		Eye tracking dysfunction gene
7	7q21. 1-q21. 3	•
8	8p22-21	•
9	9q34. 3	Dopaminehydroxylase gene,a
		subunit of NMDA receptor gene
10	10p15 - q21	•
11	11p15. 5	Dopamine D4 receptor gene
	11q 22-23	Dopamine D2 receptor genes
	11q	Translocations
12	**12p 13.31**	**CTG-B37**
	12q 14.2	**CTG-B33**
13	13q14	5HTR2a (serotonin receptor2a)
	13q14. 1-q32	•
	13q32	•
14	•	•
15	15q13-q14	α7 nicotinic cholinergic receptor Subunit gene (CHRNA7)
16	•	•
17	17q11. 2-q12	Serotonin transporter gene(5HTT)
18	18p	•
	18q21. 1	
19	•	•
20	20p	•
21	•	•
22	22q13	IL2RB gene, COMT gene (catechol-o-methyltransferase) 14-3-3-protein þ-chain gene (YWHAH)
	22q11	Deletion in this region
	22q12-q13	•
	22q (D22S278)	•
X	Pseudoautosomal locus	•
	Xp11	•
	Xq27-28	•
Y	Pseudoautosomal region	•

(VCFS) engloba o locus COMT. Pulver et al. (1994) referiram que os doentes com VCFS têm um risco elevado de desenvolver esquizofrenia.

Atualmente, os loci acima referidos foram identificados com base em resultados positivos de lod e alguns deles foram encontrados várias vezes, mas nenhum dos genes foi inequivocamente mapeado ou clonado. Embora alguns dos estudos não tenham sido reproduzidos ou tenham sido refutados, parece que não existe um gene comum ou um único locus de grande importância. Para além dos estudos de ligação acima referidos, foram comunicadas várias anomalias cromossómicas, tais como deleção, translocação e inversão. Parece provável que a esquizofrenia seja o resultado da interação de muitos genes, alguns dos quais também interagem com factores ambientais. É possível que diferentes combinações de factores genéticos e ambientais afectem sistemas neurobiológicos específicos, conduzindo a uma via final comum de disfunção neural.

8. Genética molecular

8.1 Expansão de repetições de trinucleótidos; uma abordagem étnica

Embora ainda não existam provas moleculares específicas do envolvimento da expansão de repetições de trinucleótidos, vários métodos de estudo como o RED (repeat expansion detection) encontraram uma sobre-representação de grandes matrizes CAG/CTG em doentes esquizofrénicos em comparação com controlos normais (McInnis MG et al.; 1999). Os estudos também indicam que a gama de tamanhos de expansão de repetições trinucleotídicas CAG/CTG (TNP) observada em doentes esquizofrénicos e em controlos normais se sobrepõe significativamente. Como já se sabe, as repetições CAG expandidas formam um excesso de tratos de poliglutamina que podem interferir com a função dopaminérgica, afectando os neurónios tanto estrutural como funcionalmente e, consequentemente, o Sistema Nervoso Central do indivíduo com estas expansões. As expansões de repetições triplas desempenham um papel na patologia da esquizofrenia. Utilizando um método que analisa todo o genoma, foi demonstrado que as grandes regiões de repetições

CAG são mais comuns na Esquizofrenia do que nos controlos normais. Os doentes com 69-136 repetições CAG no seu genoma parecem ter uma idade de início significativamente mais precoce do que os doentes com menos repetições CAG e os doentes com 35-68 repetições no seu genoma apresentam pontuações de sintomas negativos significativamente mais elevadas do que os doentes sem expansão CAG. Este facto levou muitos investigadores a procurar provas de que a RET é uma possível causa etiológica de doenças neuropsiquiátricas, como a perturbação afectiva bipolar (BPAD) e a Esquizofrenia. Em alguns casos de doentes esquizofrénicos, foi referido que a expansão de repetições de trinucleótidos estava envolvida na etiologia da esquizofrenia. No entanto, em apoio a esta noção, alguns dos estudos positivos relatados foram refutados por outros e não confirmados por muitos outros com estudos baseados em factores de hereditariedade como o estudo de gémeos monozigóticos. Além disso, esta mutação dinâmica não é específica da Esquizofrenia e tem sido observada na perturbação bipolar, bem como noutras doenças.

9. Início da doença

Os pais de doentes com Esquizofrenia de início na infância têm uma taxa mais elevada de perturbações do espetro da Esquizofrenia do que os pais de doentes com doença de início na idade adulta. Este facto é consistente com a hipótese de que o início da Esquizofrenia na infância se deve, pelo menos em parte, a uma maior diátese familiar para a doença. A interjeição de um tripleto de nucleótidos ligeiramente diferente dentro da repetição parece estabilizar a repetição (por exemplo, CAA dentro das repetições CAG). A linha de transmissão pode ser materna ou paterna.

10. Epidemiologia

10.1 Polimorfismo TNR: Estudos étnicos em populações indianas

Como já foi referido, foi efectuado um grande número de estudos sobre a esquizofrenia, principalmente na população caucasóide (Quadro 5). No entanto, é desejável efetuar estudos semelhantes em diferentes grupos étnicos para reafirmar o estatuto da associação. A população indiana é muito adequada para esses estudos, uma vez que satisfaz muitos dos critérios exigidos para a investigação de caraterísticas complexas. Além disso, a população indiana constitui um grande reservatório de amostras atrativo, tanto devido à sua dimensão populacional como à elevada taxa de estabilidade conjugal, esta última essencial para a análise de base familiar. Foi relatado que as grandes repetições CAG são mais frequentes nos doentes do que nos controlos (normal). Por conseguinte, os genes com repetições instáveis de trinucleótidos estão a ser considerados como candidatos adequados à patologia subjacente da esquizofrenia e estão a ser analisados. Os genes das vias dopaminérgicas e serotoninérgicas do cérebro foram estudados em amostras predominantemente do Norte da Índia. Utilizando um teste de associação baseado na família, o locus DRD3 não mostrou qualquer associação. Noutro estudo, quatro genes (5HT2A, TPH, COMT e DAT) envolvidos na via monoaminérgica, avaliados através de TDT, também não mostraram qualquer associação significativa. Foi também avaliada uma associação entre o locus da fosfolipase A2 citosólica (cPLA2) e a esquizofrenia em amostras de base familiar entre indianos, mas não foi detectada qualquer associação significativa. De entre muitos estudos de polimorfismo de expansão de trinucleótidos (TNP), foi relatada uma grande diferença no tamanho dos alelos de repetição CAG no locus da doença de Machado-Joseph (MJD) em doentes que sofrem de esquizofrenia em comparação com os controlos. Embora as repetições CAG mais longas no locus MJD não estejam associadas à esquizofrenia, não se pode excluir o papel das repetições instáveis mais pequenas na manifestação da doença. Saleem et al. (2000a) não observaram qualquer associação com o transportador de serotonina (5-HT) em doentes que sofrem de perturbação bipolar com base numa abordagem caso-controlo. Embora o mesmo grupo não tenha observado qualquer associação com o polimorfismo hSKCa3, demonstraram que existe uma grande diferença no tamanho dos alelos (maior ou igual a cinco) nos doentes em comparação com os controlos (Normal).

Tabela 7: Genes envolvidos na via dopaminérgica.

Gene	Position	Functions/ significance
D1 family		
DRD1	5q35.1	Involved in memory, emotion and cognition the functions that are highly disturbed in schizophrenics.
		Several polymorphisms in 5' and 3' UTR of the gene.
DRD5	4p 15.3	DRD5 is neuron specific and is localized within the limbic regions of the brain.
		Displays high affinity for dopamine.
D2 family		
DRD2	11q 22-q23	Second most abundant dopamine receptor.
		Higher density of DRD2 in schizophrenic brain.
		Ser311/Cys311 polymorphism reported. Cys311 variant more in schizophrenics.
DRD3	3q15. 3	Expression of DRD3 is restricted to the limbic areas of the brain, site for emotion and cognition that is highly disturbed in schizophrenics.
		Selective loss of DRD3 mRNA in parietal and motor regions of postmortem schizophrenic brains.
		A to G substitution polymorphism leading to creation of Mscl site in exon 1 of DRD3 gene and increased homozygosity at either allele is associate with schizophrenia.
DRD4	11p15. 5	Higher affinity than other dopamine receptors for a typical anti-psychotic clozapine.
		Polymorphic 48 base pair repeat in putative third cytoplasmic loop.

Tabela 8: Genes envolvidos na via serotoninérgica.

Gene	Position	Functions/ significance
5HT2A gene	**13q14**	Binds clozapine (antipsychotic) more effectively than dopamine.
		Both gene and promoter have been investigated.
		Gene polymorphism: T to C polymorphism viz. T102C.
5HT2A promo	**Chrom. 1**	Regulatory region of 5HT2A gene and thus, mutations in this region can influence the 5HT2a gene expression and its density.
		A to G polymorphism at position – 1438.
SERT or 5HTT	**17q11.2-q**	VNTR in intron 2.
		44 base pair deletion/insertion in the 5HTT promoter region resulting in long and short variant.
		Short variant leads to reduced 5HTT expression.
TPH gene	**Chrom. 1**	Rate limiting enzyme in the synthesis of serotonin. Polymorphic site resulting in U and L allele in the intron.
TPH promoter	**Chrom.11**	A to G transition at position 6526.

Capítulo 6

Estudos de genes candidatos

Dos genes estudados até à data quanto ao efeito do polimorfismo de expansão de repetições de trinucleótidos (TNP) na população, alguns estudos baseiam-se em iniciadores (Quadro 9) selecionados a partir de sequências que representam os seguintes genes

Sam1: Conhecido como CTG B33/RPL14 (L14; RL14; hRL14; CTG-B33; CAG-ISL-7) (Tabela-6) - este gene codifica uma proteína ribossómica que é um componente da subunidade 60S. A proteína pertence à família L14E das proteínas ribossómicas e contém um domínio semelhante à região básica do fecho de leucina (bZIP). A proteína está localizada no citoplasma. Localizada no cromossoma 3 (3p22-p21.2) e 12 (12q 14.2). Este gene contém um trato de repetição de trinucleótidos (CTG) cujo comprimento é altamente polimórfico. Os genes com repetições triplas são candidatos putativos para causar a esquizofrenia, pelo que é um dos genes estudados para a esquizofrenia em estudos realizados na população caucasiana.

Sam1/CTGB33

Também conhecido como: L14; RL14; hRL14; CTG-B33; MGC88594; CAG-ISL-7
UniGene Hs: 446522

GDB: 373727.

UniSTS: 86111

Gene ID: 9045 (atualizado a 21-Nov-2007)

N.º de acesso ao Genbank: D87735

Definição: Proteína ribossómica 60S L14 (CAG-ISL 7).

Bases de dados: Uniprot / SWISSPROT P50914

Símbolo oficial: RPL14

Nome oficial completo: proteína ribossómica L14

Fonte primária: HGNC: 10305

Sam2: Conhecido como CTGB37 (pseudónimos; NOD, ATN1, D12S755E, gene da atrofia dentatorubral-palidoluysiana DRPLA (+), gene da atrofina-1 ou CTG-B37) (Quadro 6) - este gene codifica uma proteína específica do cérebro, onde parece ser amplamente expressa tanto nos neurónios como na glia. A proteína codificada inclui uma repetição de serina e uma região de alternância de aminoácidos ácidos e básicos, bem como a repetição variável de glutamina. Localizada no cromossoma 12p13.31 (exão 5), sendo a proteína DRPLA endógena normal uma fosfoproteína, a proteína DRPLA anormal parece ser fosforilada lentamente devido a certas condições anormais da c-Jun NH(2)-terminal kinase (JNK), um dos principais factores envolvidos na sua fosforilação. Estudos cinéticos no sistema recombinante da JNK mostraram que o poliQ expandido (CAG) reduziu ligeiramente a afinidade da JNK para a proteína, atrasando assim o processo de sustentação dos neurónios. Esta doença neurodegenerativa só raramente foi registada em pedigrees não japoneses e existem apenas alguns estudos neuropatológicos em doentes geneticamente confirmados. A expansão de repetições CAG (intervalo normal é de 6-35; intervalo de expansão: 49 repetições ou mais) no gene CTG-B37 foi descrita em populações polacas, norte-americanas e britânicas.

Sam 2 /CTGB37

Também conhecido como: DRPLA, ATN1

UniGene Hs: 143766 Atrofina 1

GDB: 293944

UniSTS: 148888

Gene ID:1822

N.º de acesso ao Genbank: D12S755E

Definição: Encontrado por e-PCR em sequências de Homo sapiens e Pan troglodytes no cromossoma 12, locus ATN1

Bases de dados: EMBL, SWISSPROT, TREMBL, WORMPEP.

Símbolo oficial: ATN1

Nome oficial completo: Atrophi∩ 1

Fonte primária: Atrophi∩ 1

Sam3: K∩ow∩ como NOTCH4 ge∩e (Tabela-6) (aliases; INT3, NOTCH3, Neuroge∩ic locus ∩otch homolog protei∩ 4 precursor (Notch 4) (hNotch4) - Como a∩evide∩ce de li∩kage para o cromossoma 6, i∩ a vici∩idade do complexo principal de histocompatibilidade (MCH), a i∩vestigatio∩ trouxe à tona por ge∩ome sca∩s vários ca∩didatos ge∩es neste locus. O ge∩e NOTCH4 (exo∩ 1) é o∩e dos ge∩es estudados. Huma∩ cou∩terpart do tumor mamário do rato ge∩e- i∩t-3, localiza-se ∩ear o bou∩dary das regio∩s HLA classe II a∩d classe III. Localizado no cromossoma 6p21.32, NOTCH4 ge∩e é um membro da família NOTCH ge∩e que desempenha um papel i∩ uma variedade de atividade de processos de desenvolvimento∩tal afetando o impleme∩tatio∩ de differe∩tiatio∩, proliferatio∩ a∩d apoptotic programs i∩flue∩ci∩g orga∩ formatio∩ a∩d morphoge∩esis. Devido à sua localização cromossómica∩ a∩d ∩eurobiológica, o ge∩e NOTCH4 huma∩ é um ge∩e ca∩didato para Schizophre∩ia como tem sido∩ reportado estar associado a Schizophre∩ia i∩ alguns estudos. Usi∩g li∩kage disequilibrium mappi∩g of the huma∩ major histocompatibility complex (MHC) regio∩ i∩ 1980s, Wei e Hemmi∩gs descobriram que o NOTCH4 estava altamente associado à Esquizofre∩ia, a repetição (CTG)∩ i∩ exo∩ 1 dos trios britânicos de pare∩t- offspri∩g. Um estudo de caso-co∩trol de associaç∩o japa∩ese mais rece∩t America∩ relataram que esses polimorfismos n∩o mostraram sig∩ifica∩o de associaç∩es.

Sam 3/NOTCH4

Também conhecido como: DAQB-143M3.4, FLJ16302, INT3, MGC74442, NOTCH3 **UniGene Hs**: 436100

GDB: GOO-364-353

UniSTS: 54644

ID do gene: 4855

N.º de acesso ao banco de dados genéticos: NM_OO4557

Definição: Homo sapiens Notch homolog 4 (Drosophila) (NOTCH4).

Bases de dados: HCOP H-InvDB, Treefam Vega, Q99466, SwissProt, UniProt

Símbolo oficial: NOTCH4

Nome oficial completo: Notch homólogo 4 (Drosophila) [Homo sapiens]

Fonte primária: HGNC: 7884.

Sam4: Conhecido comoAAT21/DTNBP1 (Tabela-6) (pseudónimos; DKFZP564K192, Dysbindin, FLJ3OO31, HPS7, MGC2O21O, MyO31, SDY, Dystrobrevin binding protein 1 (Dysbindin) - o gene para a proteína 1 de ligação à distrobrevina, a disbindina, está localizado no pico de ligação no cromossoma 6p22.3-24.1. A disbindina liga-se à α- e à β-distrobrevina no músculo e no cérebro. Para além da sua presença nos músculos, foi detectada nos terminais axonais do cerebelo e do hipocampo do cérebro do rato adulto, tendo sido discutida uma possível função nas vias de transdução de sinal e nas sinapses glutaminérgicas (Benson et al.; 2OO1). Straub et al. (1995), que relataram a associação da Esquizofrenia com variantes genéticas num gene candidato em 6p22.3-24.1, obtiveram um elevado grau de significância estatística para a associação da Esquizofrenia com vários polimorfismos de ADN entre o exão 5 e o exão 1 no gene da disbindina nos pedigrees alemães e irlandeses de alta densidade, nos quais a ligação tinha sido relatada anteriormente, e na população britânica.

Sam4/AAT21 (DTNBP1)

Também conhecido como: SDY, DBND, HPS7, MyO31, FLJ3OO31; MGC2O21O, DKFZP564K192

UniGene Hs: 571148

GDB: 11505970

UniSTS: -

Gene ID: 84062 (atualizado em 13-Nov-2007).

N.º de acesso ao Genbank: NM_183040

Versão: NM_183040.1 **GI:** 34304367

Definição: Sequência de ADN humano do clone RP3-322I12 no cromossoma 6p22.3-24.1

Bases de dados: EMBL, SWISSPROT, TREMBL, WORMPEP, UniProt.

Símbolo oficial: DTNBP1 fornecido por HGNC

Nome oficial completo: dystrobrevin binding protein 1 (fornecido por HGNC)

Fonte primária: HGNC: 17328

Sam5: Conhecido como recetor de cainato GluR6 (Tabela-6) (pseudónimos; EAA4, GLR6, GLUR6, recetor de aminoácidos excitatórios 4, recetor de glutamato, ionotrópico, cainato 2) - O gene GRIK2 é uma região de suscetibilidade à esquizofrenia, tal como sugerido por múltiplos estudos de ligação (Shibata H et al.; 2002). O glutamato é o principal neurotransmissor excitatório do cérebro e está diretamente envolvido em funções cognitivas como a memória e a aprendizagem. Localizado no cromossoma 6q16.3-q21, um polimorfismo de repetição de trinucleótidos detectado na região 3' não traduzida do gene do recetor GluR6 seletivo para o cainato (GRIK2) permite realizar estudos de ligação e associação com este gene candidato de alto nível (Bah J et al.; 2004).

Sam5/GLUR6

Também conhecido como: EAA4, GRIK2 EAA4, GLR6, MRT6, GLUR6, MGC74427 **UniGene Hs:** 98262

UniSTS: 156925

ID do gene: 2898

GDB: 373727

N.º de acesso ao Genbank: NM_175768

Versão: NM_175768.1 **GI:** 28559002

Definição: variantes de transcrição tripla que codificam isoformas distintas identificadas para este gene

Bases de dados: Uniprot/SWISSPROT

Símbolo oficial: GRIK2

Nome oficial completo: Recetor de glutamato, ionotrópico, cainato 2

Fonte primária: HGNC: 4580

Sam6: Conhecido como CTG B1 (Tabela-6) (aliases; KIAA1150, D1S961E, CTG-B1- 1, CTG-B1-2, CTG-B1-1/CTG-B1-2) - Sequência de ADN humano do clone RP11-422P24 no cromossoma 1 (entre 1pter e 1qter, 1q21.3) contém o 5'UTR do gene para o repressor de transcrição p66 beta componente do complexo MeCP1 (P66beta). O gene repressor de transcrição p66beta que codifica um componente do complexo proteico MeCP1, reprime a transcrição através da ligação preferencial, remodelação e desacetilação do complexo de nucleossomas metilados. Foram efectuados estudos na população caucasiana e na população japonesa.

Sam6/CTGB1

Também conhecido como: FLJ37346, KIAA1150, MGC138257, MGC138285, P66beta, RP11-216N14.6

UniGene Hs: 4779

UniSTS: 463760

Gene ID: 57459 (atualizado em 13-Nov-2007).

GDB: AF411836

N.º de acesso ao Genbank: NM_020699

Definição: repressor de transcrição p66 beta componente do complexo MeCP1

Bases de dados: SwissProt, U∩iProt

Símbolo oficial: GATAD2B

Nome oficial completo: GATA zi∩c fi∩ger domai∩ co∩tai∩i∩g 2B [Homo sapie∩s]

Fonte primária: HGNC: 30778

ABREVIATURAS

AD	**Autosomal Dominant**
AR	**Androgen Receptor**
DM	**Myotonic dystrophy**
DNA	**Deoxyribose sugar**
DRPL	**Dentatorubropallidulysian atrophy**
FA	**Friederich ataxia**
FRAX	**Fragile-X**
HD	**Huntingtons disease**
MJD	**MachadoJoseph disease**
RED	**Repeat Expansion Detection**
SBMA	**Spinobulbar muscular atrophy**
SCA	**Spinocerebellar ataxia**
TNR	**Trinucleotide repeat / s**
XL	**X-linked**
SCZ	**Schizophrenia**

Referências

- Gillian B e Leanshrach H: Expansões de repetições de trinucleotídeos e doenças genéticas humanas. 1994, BioEssay; 16:277-284.

- Gomes-Pereira M, FortuneMT, Monckton DG: Modelos de cultura de tecidos de ratos com repetições triplas instáveis: seleção in vitro para alelos maiores, tendência para a expansão mutacional e especificidade tecidular, mas sem associação com as taxas de divisão celular. 2001, Hum Mol Genet; 10(8): 845-54.

- Isashiki Y, Kii Y, Ohba N, Nakagawa M: Retinopatia associada à doença de Machado-Joseph (ataxia espinocerebelosa 3) com expansão de repetição de trinucleótidos CAG. 2001, Am Ophthalmol;131(6): 808-10.

- Brook JD, McCurrach ME, Harley HG, Buckler A J, Church D, Aburatani H, Hunter K, Staton VP, Thirion JP, Hudson T, Sohn R, Zemelmen B, Snell RG, Rundle SA, Crow S, Davies J, Shelbourne P, Buxton J, Jones C, Juvonen V, Johnson K, Harper PSM, Shaw DJ, Houseman DE: Base molecular da distrofia miotónica: Expansão de uma repetição de trinucleótidos (CTG) na extremidade 3^z do transcrito que codifica um membro da família das proteínas cinase. 1992,Cell; 68:799-808.

- Kubota S: O programa de extinção do Homo sapiens e a clonagem de humanos: a expansão de trinucleotídeos como um caminho de mão única para a extinção.2001, Med Hypoth; 56(3): 296-301.

- Ohara K: Antecipação, imprinting, expansões de repetições trinucleotídicas e psicoses Prog Neuropsychopharmacol 2001, Biol Psychiatry; 25(1): 167-92.

- Hofman-Radvanyi H, Lavedan C, Rabes JP, Savoy D, Duros C, Johnson K, Junien C: Distrofia miotónica: Ausência do transcrito CTG alargado na forma congénita e baixa expressão do alelo normal. 1989, Hum Mol Genet; 2:1263-1266.

- Verkerk AJMH, Pieretti M, Sutcliffe JS, Fu YH, Kuhl DPA, Pizzuti A, Reiner O, Richards S, Victoria MF, Zhang F, Eussen BE, van Ommen GJB, Blonden LAJ, Riggins GJ, Chastain JL, Kunst CB, Galjaard H, Caskey CT, Nelson DL, Oostra BA, Warren ST: Identificação de um gene (FMR-1) que contém uma repetição CGG coincidente com uma região de cluster de ponto de quebra que exibe variação de comprimento na síndrome do X frágil. 1991, Cell; 65: 905-914.

- Sutcliffe JS, Nelson DL, Zhang F, Pieretti M, Caskey C, Warren ST: A metilação do ADN reprime a transcrição de FMR1 na síndrome do X frágil. 1992, Hum Mol Genet; 2: 397-40.

- Bit-Avragim N, Perrot A, Schols L, Hardt C, Kreuz FR, Zuhlke C, Bubel S, Laccone F, Vogel HP, Dietz R, Osterziel KJ: A expansão da repetição GAA no intrão 1 do gene da frataxina está relacionada com a gravidade da manifestação cardíaca em doentes com ataxia de Friedreich. 2001, J Mol Med; 78(11): 626-32.

- Sopher BL, Myrick SB, Hong JY, Smith AC, La Spada AR: A expansão in vivo de repetições de trinucleotídeos produz construções de plasmídeos e YAC para direcionamento e transgênese. 2000, *Gene*▪ 31; 261(2): 383-90.

- Snell RG, Macmillan JC, Cheadle JP, Fenton I, Lazarou LP, Davies P, Macdonald ME. Gusella JF, Harper PS, Shaw DJ: Relationship between trinucleotide repeat expansion and phenotypic variation in Huntington's disease. Nat Genet, 1993; 4: 393-97.

- Andrew S, Goldberg YP, Kremer B, Telenius H, Theilmann J, Adam S, Starr E, Squitieri F, Lin B, Kalchman MA, Graham RK, Hayden MR: A relação entre o comprimento da repetição de trinucleótidos (CAG) e as caraterísticas clínicas da doença de Huntington. 1993, Nat Genet; 4: 398-403.

- Igarashi S, Tanno Y, Onodera O, Yamazaki M, Sato S, Ishikawa A, Miyatani N, Nagashima M, Ishikawa Y, Sahashi K, Ibi T, Miyatake T, Tsuji S: Forte correlação entre o número de repetições CAG nos genes dos receptores de androgénios e o início clínico das caraterísticas da atrofia muscular espinal e bulbular. 1992, Neurology; 42: 2300-2302.

- Chang C, Kokontis J, Liao S: Análise estrutural do ADN complementar e das sequências de aminoácidos dos receptores de androgénios humanos e de ratos. 1988, Proc Natl Acad Sci USA,; 85: 7211-7215.

- McManamny P, Chy HS, Finkelstein DI, Craythorn RG, Crack PJ, Kola I, Cheema SS, Horne MK, Wreford NG, O'Bryan MK, De Kretser DM, Morrison JR: Um modelo de rato de atrofia muscular espinal e bulbar. 2002, Hum Mol Genet; 11(18): 2103-11.

- Bailey CK, Andriola IF, Kampinga HH, MerryDE: As chaperonas moleculares aumentam a degradação do recetor de androgénio com repetição de poliglutamina expandida num modelo celular de atrofia muscular espinal e bulbar. 2002, Hum Mol Genet; 11(5): 515-23.

- Mhatre AN, Trifiro MA, Kaufmann M, Kazemi-Esfarjani P, Figlewicz D, Rouleau G, Pinsky L: Competência reguladora transcricional reduzida do recetor de androgénio na atrofia muscular bulbular e espinal ligada ao X. 1993, Nat Genet; 5:185-188.

- Warren ST: O mundo em expansão das repetições de trinucleotídeos.1996, Science; 271: 1374-1375.

- Walcott JL, Merry DE. Doença de repetição de trinucleótidos. O recetor de androgénio na atrofia muscular espinal e bulbar. 2002, Vitam Horm; 65:127-47.

- Moosa A, Dawood A: Atrofia muscular espinhal em crianças africanas. 1990,

Neuropediatrics; 21(1): 27-31.

- Simard LR, Vanasse M, Rochette C, Morgan K, Lemieux B, Melancon SB, Labula D: Estudo de ligação da atrofia muscular espinal (AME) crónica de início na infância: confirmação de ligação estreita ao D5S39 em famílias franco-canadianas. 1992, Genomics; 14(1): 188-90.

- Haider MZ, Moosa A: Deleções de genes em pacientes árabes com atrofia muscular espinhal. 1997, J Child Neurol; 12(5): 310-3

- Nishio H, Horikawa H, Yakura H, Sugie K, Nakamuro T, Koterazawa K, Ishikawa Y, Lee MJ, Wada H, Takeshima Y, Matsuo M, Sumino K: Genes híbridos de sobrevivência de neurónios motores em doentes japoneses com atrofia muscular espinal. 1999, Ata Neurol Scand; 99(6): 374.

- Chung M, Ranum, LPW, Duvick LA, Servadio A, Zoghbi HY e Orr HT: Evidência de um mecanismo que predispõe à instabilidade intergeracional de repetições CAG na ataxia espinocerebelar tipo 1. 1993, Nature Genet; 5: 254-258.

- Castaneda MA, Avalos C, Jeri FR: Estudos clínicos e genéticos de uma família do Peru afetada por ataxia espinocerebelar tipo 7. 2000, Rev Neurol; 16-30; 31(10): 923-8.

- Soong BW, Lu YC, Choo KB, Lee HY: Análise da frequência de ataxias cerebelares autossómicas dominantes em doentes de Taiwan e caraterização clínica e molecular da ataxia espinocerebelosa tipo 6. 2001,Arch Neurol; 58(7): 1105-9.

- Pujana MA, Corral J, Gratacos M, Combarros O, Berciano J, Genis D, Banchs I, Estivill X, Volpini V: Ataxias espinocerebelares em pacientes espanhóis: análise genética de casos familiares e esporádicos. O Grupo de Estudo da Ataxia. 1999, Hum Genet; 104(6): 516-22.

- JinDK , OhMR , Song SM, KohSW , Lee M, KimGM , Lee WY, ChungCS ,

  Lee KH, Im JH, Lee MJ, Kim JW, Lee MS: Frequência das mutações da ataxia espinocerebelosa tipos 1,2,3, 6,7 e da atrofia palidoluysiana dentatorubral em doentes coreanos com ataxia espinocerebelosa. 1999, J Neurol; 246(3): 207-10.

- Ikeuchi T, Takano H, Koide R, Horikawa Y, Honma Y, Onishi Y, Igarashi S, Tanaka H, Nakao N, Sahashi K, Tsukagoshi H, Inoue K, Takahashi H, Tsuji S: Ataxia espinocerebelosa tipo 6: expansão de repetições CAG no gene do canal de cálcio alfa1A voltagedependent e variações clínicas na população japonesa. 1997, Ann Neurol; 42(6): 879-84.

- Maruyama H, Izumi Y, Morino H, Oda M, Toji H, Nakamura S, Kawakami H. Diferença na curva de sobrevivência livre de doença e distribuição regional de acordo com o subtipo de ataxia espinocerebelar: um estudo de 1.286 pacientes japoneses. 2002, Am J Med Genet; 114(5): 578-83.

- Ramesar RS, Bardien S, Beighton P, Bayer A. Repetições CAG expandidas na ataxia espinocerebelar (SCA1) segregam com haplótipos distintos em famílias sul-africanas. 1997, Hum Genet; 100(1): 13.
- Van de Warrenburg BP, Sinke RJ, Verschuuren-Bemelmans CC, Scheffer H, Brunt ER, Ippel PF, Maat-Kievit JA, Dooijes D, Notermans NC, Lindhout D, Knoers NV, Kremer HP. Ataxias espinocerebelares na Holanda: prevalência e idade de início da análise de variância. 2002, Neurology; 58(5): 7028.
- Zielonka D, de Mezer M, Niezgoda A, Reperowicz K, Krzyzosiak W, Kozubski W. Quadro clínico de pacientes com doença de Huntington em relação ao número de repetições trinucleotídicas CAG no gene IT-15. 2002, Neurol Neurochir Pol; 36(5): 903-9.
- Wellington CL, Ellerby LM, Gutekunst CA, Rogers D, Warby S, Graham RK, Loubser O, van Raamsdonk J, Singaraja R, Yang YZ, Gafni J, Bredesen D, Hersch SM, Leavitt BR, Roy S, Nicholson DW, Hayden MR. A clivagem da caspase da huntingtina mutante precede a neurodegeneração na doença de Huntington. 2002, J Neurosci; 22(18): 7862-72.
- Barron LH, Warner JP, Porteous M, Holloway S, Simpson S, Davidson R, Brook DJH: Um estudo da repetição de trinucleótidos associada à doença de Huntington na população escocesa. J.Med.Genet, 1993; 30: 1003-1007.
- Duyao M, Ambrose C, Myers R, Novelletto A, Persichetti F, Frontals M, Folstein S, Ross C, Franz M, Abbot M, Gray J, Coneally M. P, young A, Penney J, Hollingsworth Z, Shoulson I, Lazzarini A, Falek A, et al: Trinucleotide repeats length instability and age of onset in the Huntington's disease. Nature Genetics, 1993; 4: 387-392.
- Telenius H, Kremer HPH, Theilmann J, Andrew SE, Almquist E, Anvert M, Greenberg C., M Greenberg J, Lucotte G, Squitieri F, Starr E, Goldberg YP, Hayden MR: Análise molecular da doença de Huntington juvenil: A principal influência no comprimento das repetições (CAG) n é o sexo dos pais afectados. Hum Mol Genet, 1993; 2: 1535-1540.
- Moncke-Buchner E, Reich S, Mucke M, Reuter M, Messer W, Wanker EE, Kruger DH. Contagem de repetições CAG no gene da doença de Huntington por clivagem da endonuclease de restrição EcoP15I. 2002, Nucleic Acids Res; 30(16): e83.
- Grupo de Investigação Colaborativa sobre Doenças de Huntington: A novel gene containing a trinucleotide that is unstable on Huntington's disease chromosome. Cell, 1993; 72: 221-226.
- Kremer B, Goldberg P, Andrew SE, Theilmann J, Telenius H, Zeisler J, Squitieri F, Lin B, Bassett A, Almqvist E, et al: Um estudo mundial da mutação da doença

de Huntington. The sensitivity and specificity of measuring CAG repeats. N Engl J Med, 1994; 330(20): 1450-51.

- Brandt J, Shpritz B, Codori AM, Margolis R, Rosenblatt A. Manifestações neuropsicológicas da mutação genética para a doença de Huntington em indivíduos pré-sintomáticos. 2002, J Int Neuropsychol Soc; 8(7): 918-24.

- McGue M e Gottesman II: A single dominant gene cannot account for the transmission ofschizophrenia. 1989, Arch Gen Psychiatry; 46: 478-480.

- McGuffin P, Owen MJ e Farmer AE: A base genética da esquizofrenia. 1995, Lancet; 346: 678-682.

- Baron M: A genética da esquizofrenia e o novo milénio: Progress and Pitfalls. 2001, Am J Hum Genet; 68: 299-312.

- Karayiorgou M e Gogos JA: Dissecando a complexidade genética da esquizofrenia. 1997, Mol Psychiatry; 2: 211-223.

- Thaker GK e Carpenter WT Jr: Avanços na esquizofrenia. 2001, Nat Med 7: 667-671.

- Chen WJ e Faraone SV: Sustained attention deficits as markers of genetic susceptibility to schizophrenia. 2000, Am J Med Genet; 97: 52-57.

- Pulver AE, Lasseter VK, Kasch L, Wolyniec P, Nestadt G, Blouin J-L, Kimberland M, Babb R, Vourlis S, Chen H, Lalioti M, Morris MA, Karayiorgou M, Ott J, Meyers D, Antonarakis SE, Housman D, Kazazian HH: Schizophrenia: a genome scan targets chromosomes 3p and 8p as potential sites ofsusceptibility gene. 1995, Am J Med Genet; 60: 252-260.

- KendlerKS, McClean CJ, O'Neil FA, Burke J, Murphy B, Duke F, Shinkwin R, Easter SM, Webb BT, Zhang J, Walsh D e Straub RE: Evidência de um locus de vulnerabilidade à esquizofrenia no cromossoma 8p no estudo irlandês de famílias com esquizofrenia de alta densidade. 1996, Am J Psychiatry; 153: 1534-1540.

- Freedman R, Coon H, Myles-Worsley M, Orr-Urtreger A, Olincy A, Davis A, Polymeropoulus M, Holik J, Hopkins J, Hoff M, Rosenthal J, Waldo MC, Reinherr F, Wender P, Yaw J, Young DA, Breese CR, Adams C, Patterson D, Adler LE, Kruglyak L, Leonhard S e Byerley W: Ligação de um défice neurofisiológico na esquizofrenia a um locus do cromossoma 15. 1997, Proc Natl Acad Sci USA; 94: 587-592.

- Levinson DF, Holmans P, Straub RE, Owen MJ, Wildenauer DB, Gejman PV, Pulver AE, Laurent C, Kendler KS, Walsh D, Norton N, Williams NM, Schwab SG, Lerer B, Mowry BJ, Sanders AR, Antonarakis SE, Blouin J-L, DeLeuze J-F e Mallet J: Estudo multicêntrico de ligação de regiões candidatas à esquizofrenia nos cromossomas 5q, 6q, 10p e 13q: grupo colaborativo de ligação da esquizofrenia III. 2000, Am J Hum Genet; 67: 652-663.

- Brzustowicz LM, Honer WG, Chow EWC, Little D, Hogan J, Hodgkinson K e BassettAS: Ligação da esquizofrenia familiar ao cromossoma 13q22. 1999, Am J Hum Genet; 65: 1096-1103.

- Brzustowicz LM, Hodgkinson KA, Chow EWC, Honer WG e BassettAS: Localização de um locus de suscetibilidade importante para a esquizofrenia familiar no cromossoma 1q21-q22. 2000, Science; 288: 678-682.

- Milunsky J, Huang X-L, Wyandt HE e Milunsky A: locus do gene de suscetibilidade à esquizofrenia em Xp22.3. 1999, Clin Genet; 55: 455-460.

- Wei J e Hemmings GP: O locus NOTCH4 está associado à suscetibilidade à esquizofrenia. 2000, Nat Genet; 25: 376-377.

- Lindholm E, Ekholm B, Balciuniene J, Johansson G, Castensson A, Koisti M, Nylander P-O, Pettersson U, Adofsson R e Jazin E: Linkage analysis of a large Swedish kindred provides further support for a susceptibility locus for schizophrenia on chromosome 6p23. 1999, Am J Med Genet; 88: 369- 377.

- Matrinez M, Goldin LR, Cao Q, Zhang J, Sanders AR, Nancarrow DJ, Taylor JM, Levinson DF, Kirby A, Crowe RR, Andreasen NC, Black DW, Silverman JM, Lennon DP, Nertney DA, Brown DM, Mowry BJ, Gershon ES e Gejman PV: Estudo de acompanhamento de um locus de suscetibilidade para esquizofrenia no cromossoma 6q. 1999, Am J Med Genet; 88: 337-343.

- Faraone SV, Meyer J, Matise T, Svrakic D, Pepple J, Malaspina D, Squarez B, Hampe C, Chan G, Aelony A, Friedman JH, Kaufman C, Cloninger CB e TsuangMT: A ligação sugestiva do cromossoma 10p à esquizofrenia não se deve à distorção da relação de transmissão. 1999, Am J Med Genet; 88: 607-608.

- Straub RE, McLean CJ, O'Neil FE, Burke J, Murphy B, Duke P, Shinkwin R, Webb BT, Zhang J, Walsh D e KendlerKS: A potential susceptibility locus for schizophrenia on chromosome 6p24-22: evidence for genetic heterogeneity. 1995, Nat Genet; 11: 284-293,

- Maziade M, Bissonette L, Rouillard E, Martinez M, Turgeon M, Charron L, Pouliot V, Boutin P, Cliche D, Dion C, Fournier JP, Garneau P, Lavallec JC, Montgrain N, Nicle L, Pires A, Ponton AM, Potvin A, Wallot H, Roy MA, le group IREP e Merette C: 6p24-22 region and major psychoses in Eastern Quebec population. 1997, Am J Med Genet; 74: 311-318.

- Coon H, Holik J, Hoff M, Reinherr F, Wender P, Myles-Worsley M, Walso M, Freedman R e Byerley W: Análise de marcadores do cromossoma 22 em nove pedigrees de esquizofrenia. 1994, Am J Med Genet; 54: 72-79.

- Nancarrow DJ, Levinson DF, Taylor JM, Hayward NK, Walters MK, Lennon DP, Nertney DA, Jones HL, Mahtani MM, Kirby A, Kruglyak L, Brown DM, Crowe RR, Andreasen NC, Black DW, Silverman JM, Mohs RC, Siever LJ, Endicott J, Sharpe

L e Mowry BJ: No support for the linkage to the bipolarregions on chromosomes 4p, 18p or 18q in 43 schizophrenic pedigrees. 2000, Am J Med Genet; 96: 224-227.

- DeLisi LE, Shaw S, Crow TJ, Shields G, Smith AB, Larach VW, Wellman N, Loftus J, Nathankumar B, Razi K, Kushner M, Stewart J, Vita A, Comazzi M e Sherrington R: Lack ofevidence for linkage to chromosomes 13 and 8 for schizophrenia and schizoaffective disorder. 2000, Am J Med Genet; 96: 235239.
- Riley BP e McGuffin P: Linkage and association studies of schizophrenia. Am J Med Genet, 2000; 97: 23-44.
- Freedman R, Leonard S, Gault JM, Hopkins J, Cloninger CR, Kaufmann CA, Tsuang MT, Farone SV, Malaspina D, Svrakic DM, Sauders A e Gejman P: Desequilíbrio de ligação para esquizofrenia no locus do cromossomo 15q13-14 do gene da subunidade do recetor de acetilcolina nicotínico ■ -7. 2001, Am J Med Genet; 105: 20-22.
- Hung C-C, Chen Y-H, Tsai M-T e Chen C-H: Pesquisa sistemática de mutações no gene do inibidor tecidular humano das metalo-proteinases-3 (TIMP-3) no cromossoma 22 e estudo de associação com a esquizofrenia. 2001, Am J Med Genet; 105: 275-278.
- TsaiMT, Shaw CK, Hsiao KJ, Chen CH: Estudo de associação genética de um conjunto de repetições CAG polimórficas do gene do canal de potássio ativado por cálcio (KCNN3) e esquizofrenia na população de Taiwan. 1999, Mol. Psychiatry; 4(3): 271-3.
- Ritsner M, Modai I, Ziv H, Amir S, Halperin T, Weizman A, Navon R. Uma associação de repetições CAG no locus KCNN3 com dimensões de sintomas de esquizofrenia. 2002, Biol Psychiatry; 15; 51(10): 788-94.
- Joober R, Benkelfat C, Brisebois K, Toulouse A, Lafreniere RG, Turecki G, Lal S, Labelle P, Fortin D, Alda M, Palmour R, Rouleau GA: Ausência de associação entre o polimorfismo CAG do gene do canal hSKCa3 Schizophrenia. 1999, Am J Med Genet; 16; 88(2): 154 -7.
- Dror V, Shamir E, Ghanshani S, Kimhi R, Swartz M, Barak Y, Weizman R, Avivi L, Litmanovitch T, Fantino E, Kalman K, Jones E G, Chandy K G, Gargus J J, Gutman Navon R: gene do canal de potássio hSKCa3/KCNN3: associação de repetições CAG mais longas em judeus Ashkenazi israelitas esquizofrénicos, expressão em tecidos humanos e localização no cromossoma 1q21. 1999, Mol Psychiatry; 4(3): 254 - 60.
- Arrufat FJ, Diaz R, Queralt R, Navarro V, Marcos T, Massana G, Massana J, Balles Oliva R: Análise das repetições polimórficas (GT)(n) na dopamina beta-hidroxilase em pacientes espanhóis afectados pela esquizofrenia. 2000, Am J Med Genet; 96(1): 8-92.

- Ueno S, Nakamura M, Mikami M, Kondoh K, Ishiguro H, Arinami T, Komiyama T, Mitsushio H, Sano A, Tanabe H: Identificação de um novo polimorfismo do gene do transportador de dopamina humano (DAT1) e a associação significativa com o alcoolismo. 1999, Mol Psychiatry; 4 (6): 552-557.

- Ingraham LJ e Kety SS: Estudos de adoção da esquizofrenia. 2000, Am J Med Genet 97: 18-22.

- Breen G, Brown J, Maude S, Fox H, Collier D, Li T, Arranz M, Shaw D e St Clair D: O polimorfismo -141C del/ins do gene do recetor 2 da dopamina está associado à esquizofrenia numa população britânica. 1999, Am J Med Genet 88: 407-410.

- Muir WJ, Thomson ML, McKeon P, Mynett-Johnson L, Whitton C, Evans KL, Porteous DJ e Blackwood DHR: Marcadores próximos do gene do recetor D5 da dopamina (DRD5) apresentam uma associação significativa com a esquizofrenia mas não com a perturbação bipolar. 2001, Am J Med Genet, 105: 152-158.

- O'Donnovan MC e Owen MJ: Estudos de associação de genes candidatos da esquizofrenia. 1999, Am J Hum Genet; 65: 587-592.

- Prasad S, Despande SN, Wood BJ, Nimgaonkar VL e Thelam BK: Estudo de associação da esquizofrenia em famílias indianas. 1999, Am J Med Genet 88: 298-300.

- Jonsson EG, Nimgaonkar VL, Zhang XR, Shaw SH, Burguret E, Crocq MA, Chakravarti A e Sedvall GC: Tendência para uma associação entre esquizofrenia e D3S1310, um marcador na proximidade do gene do recetor D3 da dopamina. 1999, Am J Med Genet; 88: 352-357.

- Murakami N, Kitamura N, Kijimoto Y, Hashimoto T, Yasuda M, Maeda K, Sakai N, Shirakawa O, Nishino N, Tanaka C e Saito N: Estudo de associação de um polimorfismo do gene nonerythroid · -spectrin com esquizofrenia. 1999, Am J Med Genet; 88: 291-293.

- Tachikawa H, Harada S, Kawanishi Y, Okubo T e Shiraishi H: Novo polimorfismo nas regiões promotora e codificadora do gene do recetor B da colecistoquinina humana: uma análise de associação com a esquizofrenia. 1999, Am J Med Genet; 88: 700-704.

- Hori H, Ohmori O, Shinkai T, Kojima H e Nakamura J: Análise de associação entre dois polimorfismos funcionais do gene do recetor D2 da dopamina e a esquizofrenia. 2001, Am J Med Genet; 105: 176-178.

- Kotler M, Barak P, Cohen H, Averbuch IE, Grinshpoon A, Gritsenko I, Nemanov L e Ebstein RP: Comportamento homicida na esquizofrenia associado a um polimorfismo genético que determina uma baixa atividade da catecol O-metiltransferase (COMT). 1999, Am J Med Genet; 88: 628-633.

- Murad I, Kremer I, Dobrusin M, Muhaheed M, Bannoura I, Muller DJ, Schulze TG, Reshef A, Blanaru M, Gathas S, Tsenter V, Rietschel M, Belmaker RH, Maier W e Ebstein RP: Um estudo familiar do polimorfismo do recetor de serotonina Cys23Ser 5HT2C na esquizofrenia. 2001, Am J Med Genet; 105: 236-238.

- Frieboes RF, Moises HW, Gattaz WF, Yang L, Li T, Liu X, Vetter P, Macciardi F, Hwu HG e Henn F: Ausência de associação entre esquizofrenia e os genes da fosfolipase A2 cPLA2 e sPLA2. 2001, Am J Med Genet; 105: 246-249.

- McGinnis RE, Fox H, Yates P, Comeron L-A, Barnes MR, Gray IC, Spurr NK, Hurko O e St Clair D: Falha em confirmar a associação NOTCH4 com esquizofrenia em uma grande amostra de base populacional da Escócia. 2001, Nat Genet; 28: 128-129.

- Sklar P, Schwab SG, Williams NH, Daly M, Schaffner S, Maier W, Albus M, Trixler M, Eichhammer P, Lerer B, Hallmayer J, Norton N, Williams H, Zammit S, Cardno AG, Jones S, McCarthy G, Milanova E, Kirov G, O'Donovan MC, Lander ES, Owen MJ e Wildenauer DB: Análise de associação dos loci NOTCH4 na esquizofrenia utilizando controlos familiares e populacionais. 2001, Nat Genet; 28: 126-128.

- De Luca A, Conti E, Grifone N, Amati F, Spalletta G, Caltagirone C, Bonaviri G, Pasini A, Gennarelli M, Stefano B, Berti L, Mittler G, Meisterernst M, Dallapiccola B, Novelli G. Estudo de associação entre repetições de trinucleótidos CAG no gene PCQAP (PC2 glutamine/Q-rich-associated protein) e esquizofrenia. 2003, Am J Med Genet; 116 (1 Suppl): 32-5.

- MohnAR, Gainetdinov R R, Caron M G, Koller B H: Os ratinhos com expressão reduzida do recetor NMDA apresentam comportamentos relacionados com a esquizofrenia. 1999, Cell; 98: 427-436.

- Sharpley M, Hutchinson G, McKenzie K, Murray RM: Understanding the excess of psychosis among the African- Caribbean population in England. 2001, Br J Psychiatry (suppl); 40: 60-68.

- Delahanty J, Ram R, Postrado L, Balis T, Green-Paden L, Dixon L: Diferenças nas taxas de depressão na esquizofrenia por raça. Schizophr Bull, 2001;27(1): 29-38.

- Eaton W, Harrison G: Desvantagem étnica e esquizofrenia. Ata Psychiatr Scand Suppl, 2000; 102(407): 38-43.

- Hwu HG, Hong CJ, Lee YL, Lee PC, Lee SF: Polimorfismos do gene do recetor da dopamina D4 e resposta neuroléptica na esquizofrenia. Biol. Psychiatry, 1998; 44(6): 483-7.

- Yoshikawa T, Kikuchi M, Saito K, Watanabe A, Yamada K, Shibuya H, Nankai M, Kurumaji A, Hattori E, Ishiguro H, Shimizu H, Okubo Y, Toru M, Detera-

WadleighSD: Evidências da associação do mio-inositol monofosfatase 2 (IMPA2) com esquizofrenia em amostras japonesas. Mol Psychiatry, 2001; 6(2): 202-10.

- Ujike H, Takaki M, Nakata K, Tanaka Y, Takeda T, Kodama M, Fujiwara Y, Sakai A, Kuroda S. CNR1, gene do recetor canabinóide central, associado à suscetibilidade à esquizofrenia hebefrénica. Mol Psychiatry, 2002; 7(5): 515-8.
- Saleem Q, Dash D, Gandhi C, Kishore A, Benegal V, Sherrin T, Mukherjee O, Jain S, Brahmachari SK. Associação de loci de repetição CAG no cromossomo 22 com esquizofrenia e transtorno bipolar. 2001, Mol Psychiatry; 6(6): 694-700.
- Wakimoto H, Maguire CT, Sherwood MC, Vargas MM, Sarkar PS, Han J, Reddy S, Berul CI. Caracterização das anomalias do sistema de condução cardíaco em ratinhos com disrupção direcionada do gene six5. 2002, J Interv Card Electrophysiol ; 7(2): 127-35
- Lavedan C, Hofmann-Radvanyi H, Shelbourne P, Duros C, Savoy D, Dehaupas I, Luce S, Johnson K, e Junien C: Myotonic dystrophy: size and sex-dependent dynamics of CTG meitic instability, and somatic mosiacism. 1993, Am J Hum Genet; 875-883.
- Harley HG, Brooks JD, Rundle SA, Crow SA, Reardon W, Buckler AJ, Harper PS, Houseman DE, Shaw DJ: Expansão de uma região instável do ADN e variação fenotípica na distrofia miotónica. 1992, Nature; 355: 545-546.
- Fu YH, Friedman DL, Richards S, Pearlman JA, Gibbs RA, Pizzuti A, Ashizawa T, Benjamin Perryman M, Scarlato G, Fenwick RGJr, Caskey CT: Diminuição da expressão do RNA mensageiro da proteína-quinase da miotonina e da forma proteica da distrofia miotónica. 1993, Science; 260: 235-260.
- Barcelo JM, Mahadevan JS, Tsilfidis C, MacKenzie AE, Hecht BK, Nicholson GA, Haan EA, Sutherland GR: estabilidade intergeracional da protomutação da distrofia miotónica. 1993 Hum. Mol. Genet; 2: 705-709.
- Tsilfidis C, McKenzie AE, Mettler G, Barcelo J, e Kornekul RG: Correlação. 1992, Nature Genet; 1: 192-195.
- Imbert G, Kretz C, Johnson K, e Mandel JL: Origem da mutação de expansão na distrofia miotónica. 1993,Nature Genet; 4: 72-76
- Anvert M, Ahlberg G, Grandell U, Hedberg B, Johnson K, Edstrom L: Grandes expansões da repetição CTG no músculo em comparação com linfócitos de pacientes com distrofia miotónica. 1993, Hum. Mol. Genet; 2: 1397-1400.
- Medica I, Logar N, Peterlin B: Caraterísticas da distrofia miotónica em Wisteria: abordagem genética molecular. Parte II: Análise de polimorfismos genéticos. 2000, Coll Antropol; 24(2): 287-94.

- Sizhong Z, Hui W, Agen P, Cuiying X, Ge Z, Yiping H, Jiayou C: A baixa incidência de distrofia miotónica nos Hans chineses está associada a um menor número de repetições de trinucleótidos CTG. 2000, Am J Med Genet; 12; 96(3): 425.

- Gennarelli M, Pavoni M, Cruciani F, De Stefano G, Dallapiccola B, Novelli G: Distribuição das repetições CTG e polimorfismo de inserção Alu no gene da distrofia miotónica (DM) nas populações Amhara e Oromo da Etiópia. 1999, Hum Genet; 105(1-2): 165-7.

- Nussbaum R L, Ledbetter D H: Síndrome do X frágil: uma mutação única no homem. 1986, Annu Rev Genet; 20: 109-145.

- Oberle I, Rousseau F, Heitz D, Kretz C., Devys D, Hanauer A, Boue J, Bertheas MF, and Mandel JL: Instabilidade de um segment de DNA de 550 pares de bases and abnormal methylation in fragileXsyndrome. 1991,Sciencej 252.1097-1102.

- Deboulle K, Verkerk AJMH, Reyniers E, Vits L, Hendricks J, Van Roy B, Ven Den Bos F, de Graaff E, Oostra BA, Willems PJ: A point mutation in the FMR- 1 gene associated with fragile X mental retardation. 1993, Nature Genetj 3: 31-35.

- Siomi H, Siomi MC, Nussbaum RL, Dreyfuss G: O produto protein do frágil X gene, FMR1, tem caraterísticas de umn RNA- binding protein. 1993, Cell,; 74: 291-298.

- Eichler EE, Richards S, Gibbs RA, Nelson D L: Fine estrutura do human FMR-1 gene. 1993, Hum Mol Genet; 2: 1147-1153.

- Devys D, Lutz Y, Rouyer N, Bellocq JP and Mandel JL: O gene FMR-1 é citoplasmático, mais abundant in neurons and aparece normal in portadores de uma permutação X frágiln. 1993, Nature Genet 4: 335-340.

- Verheij C, Bakker CE, de Graaff E, Keulemans J, Willemsen R, Verkerk AJMH, Galjaard H, Reuser AJJ, Hoogeveen AT, and Oostra B A: Caracterizaçãon and localizaçãon do produto FMR- 1 gene associado ao frágil Xsyndrome. 1993,Nature; 363: 722-724.

- Ashley CJr, Wilkinson KD, Reines D, Warren ST: FMR1 protein Conserved RNP família domains and seletivo RNA binding. 1993, Science; 262: 563568.

- Knight SJL, Flannrey AV, Hirst MC, Campbell L, Christodoulou Z, Phelps SR, Pointon J, Middleton-Price HR, Barnicoat A, Pembrey ME, Holland J, Oostra BA, Bobrow M, and Davies KE: Trinucleotides repeat amplification and hypermethylation of a CpG island in FRAXE mental retardation.1993, Cell; 74: 127-134.

- Larsen LA, Armstrong JS, Gronskov K, Hjalgrim H, Brondum-Nielsen K, Hasholt L, Norgaard-Pedersen B, Vuust J: Analysis of FMR1 (CGG) n alleles and FRAXA microsatellite haplotypes in the population of Greenland: implications for the populatio∩ of the New World from Asia. 1999, Eur J Hum Ge∩et 7(7): 771-7.

- Chia∩g S C, Lee Y M, Wa∩g T R, Hwu W L: Distribuição alélica∩ no locus FMR1 i∩ a população ge∩eral Chi∩ese. 1999, Cli∩ Ge∩et 55(5): 352-55.
- Cha∩ S Y, Wo∩g V: DNA diag∩osis of FRAXA a∩d FRAXE i∩ Chi∩ese childre∩ with ∩eurodevelopme∩tal disorders a∩d fragile X sy∩drome. 1998, J I∩tellect Disabil Res; 42 (Pt 1): 81-89.
- Goldma∩ A, Je∩ki∩s T, Krause A: Evidência molecular de que o síndrome do X frágil ocorre na população negra da África do Sul. 1998, J Med. Ge∩et 35(10): 878.
- Bonaventure G, Torrado M, Barreiro C, Chertkoff L: Efeitos fundadores do X frágil na Argentina. 1998, Am J Med Genet; 23; 79(3): 200-4.
- Elbaz A, Suedois J, Duquesnoy M, Beldjord C, Berchel C, Merault G A, Suedois J, Duquesnoy M, Beldjord C, Berchel C, Merault G: Prevalência da síndrome do X-frágil e da FRAXE em crianças com deficiência intelectual numa ilha das Caraíbas, Guadalupe, Antilhas Francesas. 1998, J Intellect Disabil Res;42 (Pt 1): 81-9.
- Mazzocco MM, Myers GF, Hamner JL, Panoscha R, Shapiro BK, Reiss AL: A prevalência das mutações FMR1 e FMR2 entre crianças pré-escolares com atraso de linguagem. 1998, J Pediatr; 132(5): 795-801.
- Zhong N, Ju W, Curley D, Wang D, Pietrofesa J, Wu G, Shen Y, Pang C, Poon P, Liu X, Gou S, Kajanoja E, Ryynanen M, Dobkin C, Brown WT: Um inquérito sobre os tamanhos dos alelos FRAXE em três populações. 1996, Am J Med Genet; 64(2): 415-9.
- Skaer TL, Sclar DA, Robison LM, and Galin RS: Trends in the rate of depressive illness and use of antidepressant pharmacotherapyby ethnicity/race: an assessment of office-based visits in the United States. 1992-1997, Clin Ther; 22(12): 1575-1589.
- La SpadaAR, Wilson EM, Lubahn DB, Harding AE e Fischbeck KH. Mutação do gene do recetor de androgénio na atrofia muscular espinal e bulbular ligada ao X. 1991, Nature; 352: 77-79.
- Orr H.T, Chung M, Banfi S, Kwaiatkowski TJ, Servadio A, Beaudet al, McCall AE, Duvick LA, Ranum L e Zoghbi HY. Expansão de uma repetição instável de trinucleótido CAG na ataxia espinocerebelosa tipo 1 1993, Nature Genet; 4: 221-226.
- Koide R, Ikeuchi T, Onodera O, Tanaka H, Igarashi S, Endo K, Takahashi H, Kondo R, Ishikawa A, Hayashi T, Saito M, Tomoda A, Miike T, Naito H, Ikuta F e Tsuji S.. Expansão instável da repetição CAG na atrofia dentatorubural

palidulisiana hereditária (DRPLA). 1994, Nature Genet; 6: 9-13.

- Nagafuchi S ,Yanagisawa H, Sato K, Shirayama T, Ohsaki E, Bundo M, Takeda T, Tadokoro K, Kondo I, Murayama N, Tanaka Y, Kikushima H, Umimno K, Kurosawa H, Furukawa T, Nihei K, Inoue T, Sano A, Komure O, Takahashi M, Yoshizawa T, Kanazawa I e Yamada M . Expansão da atrofia dentatorubral pallidulysiana de um trinucleótido CAG instável no cromossoma 12p. 1994, Nature Genet; 6: 14-18.

- Mahadevan M, Tsilfidis C, Sabourin L, Shutler G, Amemiya C, Jansen G, Neville C, Narang M, Barcelo j, o'Hoy K, Leblond S, Earle-MavDonald J, De Jong PJ, Wieringa B e Korneluk RG. Mutação da Distrofia Miotónica: Uma repetição instável de CTG na região 3' não traduzida do gene. 1992, Science; 255: 1253-1255.

- Fu YH, Pizzuti A, Fenwick RG Jr, King J, Rajnarayan S, Dunne PW, Dubel J, Nasser G A, Ashizawa T, de Jong P, Wieringa S, Korenluk R, Perry man MB, Epistein HF, Caskey CT: Mutação da distrofia miotónica: uma repetição instável de CTG na região não traduzida 3/ do gene. 1992, Science; 255: 12561258.

- Burke JR. et al: A síndrome de Haw River: Atrofia dentatorubropalidoluysiana (DRPLA) numa família afro-americana. 1994, Nature Genet; 6: 913.

- Kawaguchi Y, et al: Expansões CAG num novo gene para a doença de Machadp-Joseph no cromossoma 14q32.1. 1995, Nature Genet; 8: 221-228.

- Warren ST: O mundo em expansão das repetições de trinucleotídeos.1996, Science; 271: 1374-1375.

- Paulson HL, Fischbeck KH.Repetições de trinucleótidos em doenças neurogenéticas. 1996, Annu Rev Neurosci; 19: 79-107.

- Riess AL, Fienstein C, Toomey KE, Goldsmith B, Rosenbaum K, Caruso MA: Incapacidade psiquiátrica associada à síndrome do X frágil. 1986, Am J.Med Genet; 23: 393-401.

- KendlerKS, Diehl SR: A genética da esquizofrenia: A current genetic - epidemiological perspective. 1993, Schizophr Bull; 19: 261-285.

- Anne SB e William GH: Evidence for Anticipation in Schizophrenia (Evidência de Antecipação na Esquizofrenia). 1994; Am J Hum.Genet.54: 864-870.

- Tsai SJ, Hong CJ, Liao DL, Chiang CH. Distribuição do polimorfismo de repetição CAG do recetor de androgénio na esquizofrenia chinesa e sua correlação com a idade de início. 2006, Psychoneuroendocrinology; 31(2): 270-4. Epub 2005.

- William TC, Robert WB: Esquizofrenia: Introdução e visão geral. Capítulo: 14.1.Comprehensive Textbook of Psychiatry/VI, edt.por Harold Kaplan, Benjamin J.Sadock, Vol.I, Ed. 6th , pp: 889- 910.

- Michael G, Dennis G, Richard M e Philip C: Schizophrenia and schizophrenia-like disorders.1996, Oxford Textbook of Psychiatry; Oxford University Press; terceira edição: 246-290.

- Fenton WS e McGlashan TH, Natural history of schizophrenia subtypes. (1) Longitudinal study of paranoid, hebephrenic and undifferentiated schizophrenia. 1991, Archives ofgeneral psychiatry; 48: 969-77.

- Sengupta S, Xiong L, Fathalli F, Benkelfat C, Tabbane K, Danics Z, Labelle A: polimorfismo na esquizofrenia SM. 2006, BMC Genet; 3: 7-34.

- Risch N: Estudos de ligação para caraterísticas geneticamente complexasl. Multilocus models. 1990, Am J Hum Genet; 46: 222-228.

- Baron M, Rainer JD: Genética molecular e doenças humanas: implicações para a investigação e prática psiquiátrica moderna. 1988, Br J Psychiatry; 152: 741753.

- Kalsi, Mankoo B, Curtis D, Sharrington R, Melmer G, Brynjolfsson J, Sigmundsson T, Read T, Murphy P, Petursson H, GurlingH: Novos marcadores de ADN com maior informatividade mostram um apoio reduzido ao locus de suscetibilidade à esquizofrenia do cromossoma 5q11-13 e excluem a ligação em duas novas coortes de famílias britânicas e islandesas. 1999, Ann Hum Genet; 63: 235-247.

- Nicolson R, Brookner FB, Lenane M, Gochman P, Ingraham LJ, Egan MF, KendlerKS, Pickar D, Weinberger DR, Rapoport JL: Parental schizophrenia spectrum disorders in childhood-onset and adult-onset schizophrenia. 2003, Am J Psychiatry; 160(3): 490-5.

- AndreasenNC, Flashman L, Flaum M, Arndt S, Swayze VN, O'Leary DS, Ehrhardt JC e Yu WT: Regional brain abnormalities in schizophrenia measured with magnetic resonance imaging. 1994, JAMA; 272: 1763-1769.

- Nopoulos P, Torres I, Flaum M, AndreasenNC, Ehrhardt JC e Yuh WT: Morfologia cerebral no primeiro episódio de esquizofrenia. 1995, Am J Psychiatry; 152: 1721-1725.

- Bergets B, Ashtari M, Degreef G, Alvir JM, Bilder RM andLieberman JA: Reduced temporal limbic structure volumes onmagnetic resonance images in first episode schizophrenia. 1990, Psychiatry Res; 325: 1-13.

- Arnold SE, Lee VM-Y, Gur RE e Trojanowski JQ: Expressão anormal de duas proteínas associadas aos microtúbulos (MAP2 e MAP5) num subcampo específico da formação do hipocampo na esquizofrenia. 1991,Proc Natl Acad Sci USA; 88: 10850-10854.

- Harvey I, Ron MA, Du BG, Wicks D, Lewis SW e Murray RM: Redução do volume cortical na esquizofrenia em imagens de ressonância magnética. 1993, Psychol

Med; 23: 591-604.

- Shenton ME, Kikinis R, Jolesz FA, PollakSD, LeMay M, Wible CG, Hokama H, Martin J, Metcalf D, Coleman M e McCarley RW: Anomalias do lobo temporal esquerdo e perturbação do pensamento na esquizofrenia: um estudo quantitativo de imagiologia por ressonância magnética. 1992, N Engl J Med; 327: 604-612.

- Schlaepfer TE, Harris GJ, Tien AY, Peng LW, Lee S, Federman EB, Chase GA, BartaPE e Pearlson GD: Diminuição do volume da matéria cinzenta cortical regional na esquizofrenia. 1994, Am J Psych; 151: 842-848.

- Zipursky RB, Lim KO, Sullivan EV, Brown BW e Pfefferbaum A: Widespread cerebral grey matter volume deficitsin schizophrenia. 1992, Arch Gen Psych; 49: 195-205.

- AndreasenNC, Arndt S, Swayze Vn, Cizadlo T, Flaum M,O'Leary D, Ehrhardt JC e Yuh WT: Thalamic abnormalitiesin schizophrenia visualized through magnetic resonance image averaging. 1994, Science; 266: 294-298.

- Buchsbaum MS, Someya T, TengCY , Abel L, ChinS , Najafi A,HaierRJ , Wu

J e Bunney WE Jr: PET e MRI do tálamo em pacientes nunca medicados com esquizofrenia. 1996, Am J Psych; 153: 191-199.

- Nasrallah HA, Schwarzkopf SB, OlsonSC e Coffman JA:Lesão cerebral perinatal e lóbulos vermais cerebelares I-X na esquizofrenia. 1991,Biol Psych; 29: 567-574.

- Bilder RM, Wu H, Bogerts B, Degreef G, Ashtari M, Alvir JM, Snyder PJ e Lieberman JA: Ausência de assimetrias regionais de volume hemisférico no primeiro episódio de esquizofrenia. 1994, Am J Psych; 151: 1437-1447.

- Degreef G, Ashtari M, Bogerts B, Bilder RM, Jody DN, Alvir JMe Lieberman JA: Volumes das subdivisões dos sistemas ventriculares medidos a partir de imagens de ressonância magnética em pacientes com primeiro episódio de esquizofrenia. 1992, Arch Gen Psych; 49: 531-537.

- DeLisi LE, Hoff AL, Neale C e Kushner M: Assimetrias no lobo temporal superior em pacientes esquizofrénicos de primeiro episódio do sexo masculino e feminino: medidas do plano temporal e do giro superiortemporal por ressonância magnética. 1994, Schizophr Res; 12: 19-28.

- DeLisi LE, Sakuma M, Tew W, Kushner M, Hoff AL e Grimson R: Schizophrenia as a chronic active brain process: a study of progressive brain structural change subsequent to the onset of schizophrenia. 1997, Psychiatry Res Neuroimaging; 74: 129-140.

- Ohnuma T, Kimura M, Takahashi T, Iwamoto N e Arai H: Estudo de ressonância magnética em pacientes com esquizofrenia de primeiro episódio desorganizado.

1997, Psychiatry Clin Neurosci; 51: 9-15.

- Heston LL: 1966. Perturbações psiquiátricas em crianças de mães esquizofrénicas criadas em lares de acolhimento. Br J Psychiatry 112: 819-825.
- AndreasenNC, Swayze VN, Flaum M, Yates WR, Arndt S e McChesney C: Aumento ventricular na esquizofrenia avaliado por tomografia computorizada: efeito do género, idade e fase da doença. 1990, Arch Gen Psych; 47: 1008-1015.
- Crow TJ: O conceito de duas síndromes: origem e estado atual. 1985, Schizophr Bull; 11:471-486.
- DeLisi LE, Stritzke P, Riordan H, Holan V, Boccio A, Kushner M, McClelland J, Van EO e Anand A: The timing of brain morphological changes in schizophrenia and their relationship to clinical outcome. 1992, Biol Psych; 31: 241-254.
- Gur RE, Mozley PD, Shtasel DL, Cannon TD, Gallacher F, Turetsky B, Grossman R e Gur RC: Subtipos clínicos de esquizofrenia: diferenças no volume do cérebro e do LCR. 1994, Am J Psych; 151: 343-350.
- Wassink TH, Nelson JJ, Crowe RR e AndreasenNC: Hereditariedade dos alelos BDNF e o seu efeito na morfologia cerebral na esquizofrenia. 1999, Am J Med Genet; 88: 724-728.
- Wassink TH, AndreasenNC, Nopoulos P e Flaum M: A morfologia cerebelar como preditor de sintomas e resultados psicológicos na esquizofrenia. 1999 Biol Psych; 45: 41-48.
- Chen WJ e Faraone SV: Sustained attention deficits as markers of genetic susceptibility to schizophrenia. 2000, Am J Med Genet; 97: 52-57.
- Calkins ME e Lacono WG: Eye movement dysfunction inschizophrenia: a heritable characteristic for enhancing phenotype definition. 2000, Am J Med Genet; 97: 72-76.
- Erlenmeyer-Kimling L: Défices neurocomportamentais em descendentes de doentes esquizofrénicos: indicadores de responsabilidade e preditores de doença. 2000, Am J Med Genet 97: 65-71.
- Suvisaari JM, Haukka JK e Lonnqvist JK: Época de nascimento entre pacientes com esquizofrenia e seus irmãos: evidência para a hipótese dos hábitos procriacionais. 2001, Am J Psych; 158: 754-757.
- Mortensen PB, Pedersen CB, Westergaard T, Wohlfahrt T, Ewald H, Mors O, Andersen PK e Melbye M. Effects of family history, place and season of birth on the risk ofschizophrenia. 1999, N Engl J Med 340: 603-608.
- Crow TJ: Uma reavaliação da hipótese viral: será a psicose o resultado da integração retroviral num local próximo do gene de dominância cerebral? 1984, Br J Psychiatry; 145: 243-253.

- Risch N e Merikangas K: O futuro dos estudos genéticos de doenças humanas complexas. 1996, Science; 273: 1516-1517.

- Gambaro G, Anglani F e D'Angelo A: Estudos de associação de polimorfismos genéticos e doenças complexas. 2000, Lancet 355: 308-311.

- Altshuler D, Kruglyak L e Lander E: Genetic polymorphism and disease. 1998, N Engl J Med; 338: 1626.

- Karayiorgou M e Gogos JA: Dissecando a complexidade genética da esquizofrenia. 1997, Mol Psych; 2: 211-223.

- Thaker GK e Carpenter WT Jr: Avanços na esquizofrenia. 2000, Nat Med 7: 667-671.

- Riley B e Kendler K: Genética molecular da esquizofrenia. 2004, In: Neurobiology of Mental illness. Eds, DS Charney e EJ Nestler. OxfordUniv. Press, Nova Iorque, pp. 247-262: 247-262.

- Huang CH, Chen CH: Ausência de associação de uma repetição polimórfica GGC na região 5' não traduzida do gene da reelina com a esquizofrenia. 2006, Psychiatry Res.; 142(1): 89-92.

- CardՈo AG, Rijsdijk FV, Sham PC, Murray RM e McGuffin: Um estudo de gémeos sobre as relações genéticas entre sintomas. 2002, Am J Psychiatry; 159: 539544.

- Tienari P, Wynne LC, Sorri A, Lahti I, Ladsyk K, Moring J, Naarala M, Neminan P e Walilberg KE: Interação genótipo-ambiente na perturbação do espetro da esquizofrenia. Estudo de acompanhamento a longo prazo de adoptados finlandeses. 2004, Br J Psychiatry; 184: 216-222.

- Crow TJ: Estado atual da ligação para a esquizofrenia: poligenes de efeito muito pequeno ou múltiplos falsos positivos. 1997, Am J Med Genet 74: 99-103.

- Antonarakis SE, Blouin JL, Pulver AE, Wolyniec P, Lasseter VK, Nestadt G, Kasch L, Babb R, Kazazian HH, Dombroski B, Kimberland M, Ott J, Housman D, Karayiogou M e McClean CJ: Suscetibilidade à esquizofrenia e cromossoma 6p24-22. 1995, Nat Genet 11: 235-236.

- Gurling H, Kalsi G, Andrew HSC, Green M, Butler R, Read T, Murphy P, Curtis D, Sharma T, Petursson H e Brynjolfsson J: Schizophrenia susceptibility and chromosome 6p24-22. 1995, Nat Genet 11: 234-235.

- Mowry BJ, Nancarrow DJ, Lennon DP, Sandkuijl LA, Crowe RR, Silverman JM, Mohs RC, Siever LJ, Endicott J, Sharpe L, Walters MK, Hayward NK e Levinson DP: Suscetibilidade à esquizofrenia e cromossoma 6p24-22. 1995, Nat Genet 11: 233-234.

- Cai G, Li T, Deng H, Zhao J, Hu X, Murray RM, Liu X, Sham PC e Collier DA: Análise de ligação de pares de irmãos afectados de caraterísticas qualitativas e quantitativas para a esquizofrenia no cromossoma 22 numa população chinesa. 2001, Am J Med Genet 105: 321-327.

- Dobrusin M, Corbex M, Kremer I, Murad I, Muhaheed M, Bannoura I, Muller DJ, Schulze TG, Reshef A, Blanaru M, Gathas S, Rietschel M, Belmaker RH, Maier W e Ebstein RP: Nenhuma evidência de ligação por análise de teste de desequilíbrio de transmissão do marcador de microssatélite D22S278 e esquizofrenia num árabe palestiniano e numa população alemã. 2001, Am J Med Genet; 105: 328-331.
- Shastry BS: Desenvolvimentos recentes na genética da esquizofrenia. 1999, Neurogenetics; 2: 149-154.
- BassettAS, Chow EWC e Weksberg R: Anomalias cromossómicas e esquizofrenia. 2000, Am J Med Genet; 97: 45-51.
- Milunsky J, Huang X-L, Wyandt HE e Milunsky A: locus do gene de suscetibilidade à esquizofrenia em Xp22.3. 1999, Clin Genet; 55: 455-460.
- BassettAS e Husted J: Antecipação ou enviesamento de apuramento na esquizofrenia: Penrose's familial mental illness samples. 1997, Am J Med Genet; 60: 630637.
- Gorwood P, Leboyer M, Falissard B, Jay M, Rouillon F e Feingold J: Antecipação na esquizofrenia: nova luz sobre um problema controverso. 1996, Am J Psych; 153: 1173-1177.
- O'Donovan MC, Guy C, Craddock N, Bowen T, MeKeon P, Macedo A, Maier W, Wildenauer D, Achauer HN, Sorbi S, Feldman E, Mynett-Johnson LX, Claffey E, Naemias B, Valente J, Dourado A, Grassi E, Lenzinger EX, Heiden AM, Moorhead S, Harrison D, Williams J, McGuffin P e Owen MJ: Confirmação da associação entre as repetições CAG/CTG expandidas e a esquizofrenia e a perturbação bipolar. 1996, Psychol Med; 26: 1145-1153.
- Burgess CE, Lindbald K, Sidransky E, Yuan QP, Long RT,Breschel T, Ross CA, Mclnnis M, Lee P, Ginns EI, Lenane M, Kumar S, Jacobsen L, Rapoport JL e Schalling M: Large CAG/CTG repeats are associated with childhood onset ofschizophrenia. 1998, Mol Psych; 3: 321-327.
- Joober R, Benkelfat C, Jannatipour M, Turecki J, Lal S, Mandel JL, Bloom D, Lalonde P, Lopes-Cendes I, Fortin D e Rouleau G: Polyglutamine containing proteins in schizophrenia. 1999, Mol Psych; 4: 53-57.
- Joober R, Benkelfat C, Toulouse A, Lafreniere RGA, Lal S, Ajroud S, Turecki G, Bloom D, Labelle A, Lalonde P, Alda M, Morgan K, Palmour R e Rouleau GA: Analysis of 14 CAG repeat containing genes in schizophrenia. 1996, Am J Med Genet; 86: 694-699.
- Moriniere S, Saada C, Holbert S, Sidransky E, Galat A, Ginns E, Rapoport JL e

Neri C: Deteção da expansão de poliglutamina numa nova proteína ácida: um candidato para a esquizofrenia de início na infância. 1999, Mol Psych; 4: 58-63.

- Huang J e Vieland V: Um novo teste estatístico para a antecipação da idade de início: aplicação à perturbação bipolar. 1997, Gen Epidemiol; 14: 1091-1096.
- Vincent JB, Klempan T, Parikh SS, Sasaki T, Meltzer HY, Sirugo GX, Cola P, Petronis A e Kennedy JL: Análise da frequência de grandes repetições de trinucleótidos CAG/CTG na esquizofrenia e nas perturbações afectivas bipolares. 1996, Mol Psych; 1: 141-148.
- Vincent JB, Kalsi G, Klempan T, Tatuch Y, Sherrington RP, Breschel T, McInnis MG, Brynjolfsson J, Petursson H,Gurling HMD, Gottesman II, Torrey EF, Petronis A e Kennedy JL: Não há provas de expansão de repetições CAG ou GAA em famílias com esquizofrenia e gémeos monozigóticos. 1998, Hum Genet 103: 41-47.
- Sidransky E, Burgess C, Ikeuchi T, Lindbald K, Long RT, Philibert RA, Rapoport J, Schalling M, Tsuji S e Ginns EI: A triplet repeat on 17q accounts for most expansions detected by the repeat expansion detection technique. 1998, Am J Hum Genet; 62: 1548-1551.
- McInnis MG, McMahon FJ, Crow T, Ross CA e DeLisi LE: Anticipation in schizophrenia. 1999, Am J Med Genet 88: 686-693.
- Karlsson H, Bachmann S, Schroder J, McArthur J, Torrey EF e Yolken RH: RNA retroviral identificado nos fluidos cerebrais e cérebros de indivíduos com esquizofrenia. 2001, Proc Natl Acad Sci USA; 98: 4634-4639.
- Lewis DA: Retrovírus e patogénese da esquizofrenia. 2001, Proc Natl Acad Sci USA; 98: 4293-4294.
- McGrath J e Emmerson WB: Tratamento da esquizofrenia. 1999, BMJ; 319: 1045-1048.
- Cichon S, Nothen MM, Rietchel M, Propping P: Farmacogenética da esquizofrenia. 2000, Am J Med Genet; 97: 98-106.
- Lindholm E, Ekholm B, Balciuniene J, Johansson G, Castensson A, Koisti M, Nylander P-O, Pettersson U, Adofsson R e Jazin E: A análise de ligação de uma grande família sueca fornece mais apoio a um locus de suscetibilidade para a esquizofrenia no cromossoma 6p23. 1999, Am J Med Genet; 88: 369- 377.
- Gaitonde EJ, Sinthuja Sivagnanasundaram, Alex G. Morris, Peter J. McKenna, John D. Mollon e David M. Hunt. O número de repetições triplas em cinco loci expressos no cérebro com repetições CAG não está associado à esquizofrenia. 1997, Schizop Res; 25: 111-116.
- Srinivasan TN. Esquizofrenia: Conceito: Textbook of Postgraduate Psychiatry, Vol I, secção 3, capítulo 6, pp: 150-152.

- Lehman HE. Esquizofrenia: Introdução e história .In: Freedman AM, Kaplan HI, Eds Comprehensive Textbook of Psychiatry: II Ed. Baltimore: Williams and Wilikins. 1975: 851-860.

- Carpenter WT Jr, Strauss JS: Existem sintomas patognomónicos na esquizofrenia? Uma investigação empírica dos sintomas de primeira ordem de Schneider. 1973, Arch Gen Psych; 27: 847-852.

- Schalling M, Hudson JT, Buetow HK e Housman ED: Diret detection of novel expanded trinucleotide repeats in the human genome. 1993, Nature Genet; 4: 135-139.

- Biancalana F,Serville F,Pommier J,Julien J e Mandel JL: Instabilidade moderada da repetição trinucleotídica na Atrofia Muscular Spino Bulbar. 1992, Hum Mol Genet; 1: 255-258.

- Morris AG, Gaitonde EJ, McKenna PJ, Mollon JD, Hunt DM: expansões de repetição AG e esquizofrenia: associação com doenças em mulheres e com idade precoce de início. 1995, Hum Mol Genet; 4: 1957-1961.

- O'Donovan MC, Guy C, Craddock N, Murphy KC, Cardno AG, Jones LA, Owen MJ, McGuffin P: Expanded CAG repeats in schizophrenia and bipolar disorder. 1995, Nat Genet; 10: 380-381.

- Stallings LR: Distribuição de microssatélites trinucleotídeos em diferentes

Categorias de sequências genómicas de mamíferos: Implications for Human Genetic Diseases. 1994, Genomics; 21: 116-121.

- Kremer EJ, Pritchard M, Lynch M, Yu S, Holman K, Baker E, Warren ST, Schelisenfgger D, Sutherland GR e Richards RI: Mapping of DNA instability at the fragile X to a trinucleotide repeat sequence p(CCG)n. 1991, Science; 252 :1711-1714.

- ShapiroMB e Senapathy P: Junções de splice de RNA de várias classes diferentes de eucariotas: Estatísticas de sequência e implicações funcionais na expressão génica. 1987: Nucleic Acid Res; 17: 7155-7174.

- Sandro Banfi, Antonio Servadio,Ming-yi Chung,Thomas J.Kwaiakowski Jr,Alanna E.McCall,Lisa A.Duvick,Ying Shen,Elizabeth J.Roth,Harry T.Orr e.Zoghbi. HY: Identificação e caraterização do gene que causa a espinocerebelarataxia tipo 1. 1994, Nature Genet; 7: 513-519.

- Cichon S, Nothen MM, Stober G, Schroers R, Albus M, MaierW, Rietschel M, Korner J, Weigelt B, Franzek E, Wildenauer D, Fimmers R, Propping P: Rastreio sistemático de mutações na região reguladora 5' do gene do recetor Dopamina D1 humano (DRD1) em pacientes com esquizofrenia e perturbação afectiva bipolar. 1996, Am J Med Genet; 66: 424-428.

- Cichon S, Nothen MM, Rietschel M, Korner J, Propping P: A análise de conformação de cadeia simples não revela nenhuma mutação significativa no gene do recetor D1 da dopamina (DRDI) em pacientes com esquizofrenia e depressão maníaca. 1994b, Biol.Psych; 36: 850-853.

- Cardno AG e Gottesman II: Twin studies of schizophrenia: from bow-and- arrow concordance to star wars mx and functional genomics. 2000, Am J Med Genet; 97: 12-17.

- Kringlen E:.Twin studies in schizophrenia with special emphasis on concordance figures. 2000, Am J Med Genet; 97: 4-11.

- Lander E e Kruglyak L:.Genetic dissection of complex traits: guidelines for interpreting and reporting linkage results. 1995, Nature Genet; 11: 241-247.

- Williams NW, Rees MI, Holmans P, Norton N, Cardno AG, Jones LA, Murphy KC, Sanders RD, McCarthy G, Gray MY, Fenton I, McGuffin P e Owen MJ: Uma pesquisa do genoma em duas fases para genes de suscetibilidade à esquizofrenia em 196 pares de irmãos afectados. 1999, Hum Mol Genet; 8: 1729-1739.

- Harding AE: As caraterísticas clínicas e a classificação das cerebelarataxias autossómicas dominantes de início tardio. 1982, Brain 105: 1 - 28.

- Lund A, B Udd, V Juvonen1, P M Andersen, K Cederquist, L-O Ronnevi, P Sistonen, S A Sorensen, L Tranebj^rg, C Wallgren-Pettersson e M-L Savontaus: Founder effect in spinal and bulbar muscular atrophy (SBMA) in Scandinavia. 2000, Eur J Hum Genet, 2000; 8(8): 631-636.

- Naito H, Oyanagi S: Epilepsia mioclónica familiar e coreoatetose: atrofia dentatorubral-palidoluysiana hereditária. 1982, Neurology; 32: 798807.

- Ikeuchi T, Koide R, Onodera O, Tanaka H, Oyake M, Takano H, Tsuji S: Atrofia dentatorubral-palidoluysiana (DRPLA). Base molecular para as caraterísticas clínicas alargadas da DRPLA. 1995, Clin Neurosci; 3: 23-7.

- Takano H, Cancel G, Ikeuchi T, Lorenzetti D, Mawad R, Stevanin G, Didierjean O, Durr A, Oyake M, Shimohata T, Sasaki R, Koide R, Igarashi S, Hayashi S, Takiyama Y, Nishizawa M, Tanaka H, Zoghbi H, Brice A, Tsuji S: Close associations between prevalences of dominantly inherited spinocerebellar ataxias with CAG-repeat expansions and frequencies of large normal CAG alleles in Japanese and Caucasian populations. 1998, Am J Hum Genet; 63: 1060-6.

- Shimojo Y, Osawa Y, Fukumizu M, Hanaoka S, Tanaka H, Ogata F, Sasaki M, Sugai K. Atrofia dentatorubral pallidoluysiana infantil grave com expansão extrema de repetições CAG. 2001, Neurology; 56: 277-8.

- Sato K, Kashihara K, Okada S, Ikeuchi T, Tsuji S, Shomori T, Morimoto K, Hayabara T: Será que a homozigotia antecipa o início da atrofia dentatorubral-palidoluysiana? 1995, Neurology; 45: 1934-6.

- Titica J, van Bogaert L Hemibalismo heredo-degenerativo: Uma contribuição para a questão da atrofia primária do corpus Luysii. 1946, Brain; 69: 251-63.
- De Barsy TH, Myle G, Troch C, et al La Dyssynergie cerebelleuse myoclonique (R. Hunt): Affection autonome ou rariante du type degeneratifde l'epilepsie-myoclonie progressive (Unvericht-Lundborg) Approche anatomo- alinique. 1968, J Neurol Sci; 8: 111-27.
- Farmer TW, Wingfield MS, Lynch SA, Vogel FS, Hulette C, Katchinoff B, Jacobson PL: Ataxia, coreia, convulsões e demência. Caraterísticas patológicas de uma doença familiar recentemente definida. 1989, Arch Neurol; 46: 774-9.
- Burke JR, Ikeuchi T, Koide R, Tsuji S, Yamada M, Pericak-Vance MA, Vance JM: Atrofia dentatorubral-palidoluysiana e síndrome de Haw River [carta]. 1994, Lancet; 344: 1711-2.
- Igarashi S, Koide R, Shimohata T, Yamada M, Hayashi Y, Takano H, Date H, Oyake M, Sato T, Sato A, Egawa S, Ikeuchi T, Tanaka H, Nakano R, Tanaka K, Hozumi I, Inuzuka T, Takahashi H, Tsuji S: Supressão da formação de agregados e apoptose por inibidores da transglutaminase em células que expressam a proteína DRPLA truncada com um trecho de poliglutamina expandido. 1998, Nat Genet; 18: 111-7.
- Li SH, McInnis MG, Margolis RL, Antonarakis ES, Ross AC: Novos genes contendo tripletos em cérebros humanos: Clonagem, Expressão, e Polimorfismos de Comprimento. 1993, Genomics; 16: 572-579.
- Margolis RL, Breschel TS, Li SH, KidwaiAS, McInnis MG, Ross CA: Repetições polimórficas (ATT) n trinucleotídicas derivadas de uma biblioteca de cDNA do cérebro humano. 1995, Hum Genet; (no prelo).
- Paschen W, Blackstone CD, Hunganir RL, Ross CA: Recetor GluR6kainato humano (GRIK2): Molecular cloning, expression, expression, polymorphism and chromosomal assignment. Genomics, 20:435-440.
- Sutherland GR e Richards RI: Repetições simples de DNA em tandem e doenças genéticas humanas. 1995, Proceedings of the NationalAcademy of Sciences of the USA; 92: 3636- 3641.
- Strand M, Prolla TA, Liskay RM, Petes TD: Desestabilização de traços de ADN repetitivo simples em levedura por mutações que afectam a reparação de erros de correspondência do ADN. 1993, Nature365: 274- 276.
- Jaworski A, Rosche WA, Gellibolian R, Kang S, Shimizu M, Bowater RP, Sinden RR & Wells RD: A reparação de incompatibilidades em Escherichia coli promove a instabilidade de repetições triplas (CTG) n de doenças hereditárias humanas.1995, Proceedings of the National Academy of Sciences of the USA;

92: 1101911023.

- Sutherland GR e Richards RI: Dynamic mutations on the move. 1993, J of Med Genet; 30: 978- 981.

- Craig-Holmes AP, Shaw MW: Polimorfismo da heterocromatina constitutiva humana. 1971, Science;174:702- 704.

- Weber JL: Informativeness of human (dC-dA) n. (dG-dT) n polymorphisms. 1990, Genomics;7: 524- 530.

- Karlin S & Burge C: Repetições de trinucleótidos e homopeptídeos longos em genes e proteínas associados a doenças e desenvolvimento do sistema nervoso. 1996, Proceedings of the NationalAcademy of Sciences of the USA; 93:1560-1565.

- Morris A G, Gaitonde E J, McKenna P J, Mollon J D e Hunt D M: Expansões de repetições CAG e esquizofrenia: associação com a doença no sexo feminino e com a idade de início precoce.1995, Hum Mol Genet;4:1957- 1961.

- O'Donovan M C, Guy C, Craddock N, Murphy K C, Cardno AG, Jones L A, Owen M J e McGuffin P: Expanded CAG repeats in schizophrenia and bipolardisorder.1995, Nature Genet; 6:14- 18.

- Prasad S, Deshpande S, Bhatia T, Wood J, Nimgaonkar V L e Thelma B K: Um estudo de associação da esquizofrenia entre famílias indianas.1999, Am J Med Genet;88: 298-300.

- Semwal P, Prasad S, Bhatia T, Deshpande S N, Wood J, Nimgaonkar V L e Thelma B K: Estudos familiares do polimorfismo do gene monoaminérgico entre indianos com esquizofrenia. 2001,Mol. Psychiatry;6:220- 224.

- Chowdari K V, Brandstaetter B, Semwal P, Bhatia T, Deshpande S, Reddy R, Wood J, Weinberg C R, Thelma B K e Nimgaonkar V L: Estudos de associação de polimorfismos da fosfolipase A2 citosólica e esquizofrenia em duas amostras familiares independentes. 2001, Psychiatr Genet;(no prelo).

- Saleem Q, Ganesh S, Vijaykumar M, Reddy Y C J, Brahmachari S K e Jain S: Análise de associação do gene transportador de 5HT no transtorno bipolar na população indiana 2000a. Am J Med Genet;96: 170- 172.

- Saleem Q, Sreevidya V S, Sudhir J, Savithri J V, Gowda Y, Rao C B, Benegal V, Majumdar P P, Anand A, Brahamchari S K e Jain S: Análise de associação de repetições CAG no locus KCNN3 Pacientes indianos com transtorno bipolar e esquizofrenia. 2000b. Am J Med Genet; 96:744- 748.

- Saleem Q, Vijaykumar M, Mutsuddi M, Chowdhary N, Jain S e Brahmachari S K: Variação no locus MJD nas psicoses major. 1998, Am J Med Genet; 81:440- 442.

- Maniatis T, Fritsch EF, Sambrook J: Molecular Cloning: A Laboratory Manual .eds

1982, ColdSpringHarbor, Laboratory Press.

- Miller SA, Dykes DD, Polesky HF. Um procedimento simples de salga para a extração de ADN de células nucleadas humanas. 1988, Nucleic Acids Res; 121517.

- Aghajanian G K e Marek G J: Modelo de serotonina da esquizofrenia: papel emergente dos mecanismos de glutamato. 2000, Brain Res Brain Res Rev;31:302- 312.

- Gargus J J, Fantino E e Gutman G A: Uma peça no puzzle: um gene candidato a canal iónico para a esquizofrenia. 1998, Mo Med Today;4:518- 524.

- Tsai G, van Kammen D P, Chen S, Kelley M E, Grier A e Coyle J T: A neurotransmissão glutamatérgica envolve défices estruturais e clínicos da esquizofrenia. 1998, Bio Psychiatry;44: 667-674.

- Dearry A, Gingrich J A, Falardeau P, Fremeau R T, Bates M D e Caron M G: Clonagem molecular e expressão do gene para um recetor de dopamina D1 humano. 1990, Nature; 347:72- 75.

- Grandy D K, Marchionni M A, Makam H, Stofko R E, Alfano M, Frothingham L, Fischer J B, Burke-Howie K J, Bunzow J R, Server A C e Civelli O Clonagem do cDNA e do gene para um recetor de dopamina D2 humano. 1989, Proc Nat. Acad Sci USA; 86: 9762- 9766.

- Sunhara R K, Guan H-C e O'Dowd B F, Seeman P, Laurier L G, Ng G, George S R, Torchia J, Van Tol H H e Niznik H B: Clonagem do gene para um recetor humano de dopamina D5 com maior afinidade para a dopamina do que D1.1991, Nature; 350: 614-619.

- Van Tol H H M, Bunzow J R, Guan H-C: Clonagem do gene para um recetor humano de dopamina D4 com elevada afinidade para o antipsicótico clozapina. 1991, Nature; 350: 610-614.

- Kebabian J K e Calne D B: Receptores múltiplos para a dopamina. 1979, Nature; 277: 93- 96.

- Vandenberg D J, Perisco A M, Hawkins A L, Griffin C A, Li X, Jabs E W e Uhl G R O gene do transportador de dopamina humano (DAT1) mapeia para o cromossoma 5p15 | 33 e apresenta um VNTR. 1992a, Genomics; 14: 1104-1106.

- Vandenberg D J, Perisco A M e Uhl G R: Um cDNA do transportador de dopamina humano prevê uma glicosilação reduzida, apresenta um novo elemento repetitivo e fornece RFLPs Taq I racialmente dimórficos. 1992b, Mol. Brain Res; 15: 161166.

- Perisco A M, Vandenberg D J, Smith S S e Uhl G R: Os marcadores do gene do transportador de dopamina não estão associados ao abuso de polisubstâncias.1993, Biol. Psychiatry; 34: 265- 267.

- Nakatome M, Honda K, Tun Z, Kato Y, Harihara S, Omoto K, Misawa S, Gerelsaikhan T, Nyamkhishig S, Dashnyam B, Batsuuri J e Wakasugi C: Polimorfismo genético da região 3' VNTR do gene da função dopaminérgica humana DAT1 (Human Dopamine Transporter Gene) na população mongo-liana. 1996, Hum Biol; 68: 509-515.

- Pean B S, Laurent C, Campion D, Jay M, Thibaut F, Dollfus S, Petit M, Samolyk D, d'Amato T, Martinez M e Mallet J: Não há provas de ligação ou associação entre o gene do transportador de dopamina e a esquizofrenia numa população francesa. 1995, Psychiatr Res; 59: 1- 6.

- Burgert E, Crocq M A, Bausch E, Macher J P e Morris-Rosendahl D J: Não existe associação entre o marcador de microssatélite da tirosina hidroxilase HUMTHO1 e a esquizofrenia ou a perturbação bipolar I. 1998, Psychiatr Genet; 8: 45- 48.

- Jonsson E G, Geijer T, Gyllander A, Terenius L e SedvallG C: Falha em reproduzir uma associação entre um alelo raro de um microssatélite do gene da tirosina hidroxilase e a esquizofrenia. 1998, Eur Arc Psychiatry Clin Neurosci; 248: 61-63.

- Matsumoto M e Yoshioka M: Possível envolvimento dos receptores de serotonina nas perturbações de ansiedade. 2000, Nippon Yakurigaku Zasshi; 115: 39-44.

- Barnes N M e Sharp T: Uma revisão dos receptores 5-HT centrais e da sua função. 1999, Neuropharmacology; 38:1083-1152.

- Erdmann J, Shimron-Abarbanell D, Cichon S, Albus M, MaierW, Litchtermann D, Minges J, Franzek E, Ertl M A, Heberbrand J, Remschmidt H, Lehmkuhl G, Poustka F,Schmidt M, Fimmers R, Korner J, Rietschel M, Propping P e Nothen M M: Rastreio sistemático de mutações no promotor e na região codificadora do gene 5HT 1A.1995, Am J Med Genet Neuropsychiatric Genet; 60: 393- 399.

- Nothen M M, Erdmann J, Shimron-Abarbanell D e Propping P: Identificação da variação genética no gene do recetor *Dfr* da sero-tonina1 humana. 1994, Biochem Biophys Commun; 205: 1194- 1200.

- Sidenberg D G, Basset A S, Demchyshyn L, Niznik H B, Macciardi F, Kamble A B, Honer W G e Kennedy J L: Novo polimorfismo para a variante do recetor 1D da serotonina humana (5HTID) beta ligado à esquizofrenia em cinco pedigrees canadianos. 1993, Hum Hered; 43: 315-318.

- Shinkai T, Ohmori O, Kojima H, Terao T, Suzuki T e Abe K:Estudo de associação do gene do recetor 5-HT6 na esquizofrenia.1999,Am J Med Genet; 88: 120- 122.

- Kohen R, Metcalf M A, Khan N, Druck T, Huebner K, Lachowicz J E, Meltzer H Y, Sibley D R, Roth B L e Hamblin M W: Clonagem, caraterização e localização cromossómica de um recetor humano de serotonina 5-HT6. 1996, J Neurochem;

66: 47- 56.

- Erdmann J, Shimron-Abarbanell D, Rietschel M, Albus M, Maier W, Korner J, Bondy B, Chen K, Shih J C, Knapp M, Propping P e Nothen M M: Rastreio sistemático de formutações no gene do recetor humano da serotonina-2A (5HT2A): identificação de duas variantes naturais do recetor e análise de associação na esquizofrenia.1996, Hum. Genet; 97: 614- 619.

- Floderus Y, Book J A e Wetterberg L: Erythrocyte catechol-o- methyltransferase activity in related families with schizophrenia. 1981, Clin Genet; 19:386- 389.

- Pulver A E, Nestadt G, Goldberg R, Shprintzen R J, Lamacz M, Wolyniec P S, Morrow B, Karayiorgou M, Antonarakis S E, Housman D e Kucherlapati R: Psychotic illness in patients diagnosed with velo-cardio-facial syndrome and their relatives. 1994, J Nerv Ment Dis; 182: 476- 478.

- Dunham I, Collins J, Wadey R e Scambler P: Possible role for COMT in psychosis associated with velo-cardio-facial syndrome. 1992, Lancet; 340: 1361- 1362.

- FortuneMT, Kennedy JL, Vincent JB: Antecipação e expansão de repetições CAG*CTG na esquizofrenia e na perturbação afectiva bipolar.2003, Curr Psychiatry Rep; 5(2): 145-54.

- Michelato A, Bonvicini C, Ventriglia M, Scassellati C, Randazzo R, Bignotti S, Beneduce R, Riva MA, Gennarelli M: 3' UTR (AGG) n repetição do polimorfismo do gene do fator neurotrófico derivado da linha celular glial (GDNF) na esquizofrenia.2004, Neurosci Lett; 357(3): 235-7.

- Tsutsumi T, Holmes SE, McInnis MG, Sawa A, Callahan C, DePaulo JR, Ross CA, DeLisi LE, Margolis RL: As novas mutações de expansão de repetições CAG/CTG não contribuem para o risco genético da maioria dos casos de perturbação bipolar ou esquizofrenia. 2004, Am J Med Genet B Neuropsychiatr Genet; 124(1): 15-9.

- Ayton A, Morris AG, Tyson PJ, Hunt D, Mortimer AM, Cottrell D: Desenvolvimento precoce e genes instáveis na esquizofrenia: resultados preliminares. 2002, Eur Psychiatry; 17(6): 332-8.

- McGue M, Gottesman II. Rao, DC: The transmission ofschizophrenia undera multifatorial threshold model. 1983, Am.J.Hum.Genet; 35:1161-1178.

- Lambert JC, Mann D, Harris J, Araria-Goumidi L, Chartier-Harlin MC, Cottel D, Iwatsubo T, Amouyel P, Lendon C: Estudo de associação dos polimorfismos Notch 4 com a doença de Alzheimer. 2004, J Neurol Neurosurg Psychiatry; 75(3): 377-81.

- Prathikanti S, Schulze TG, Chen YS, Harr B, Akula N, Hennessy K, Potluri S, Lyons J, Nguyen T, McMahon FJ: Nem as análises de marcadores únicos nem as análises de haplótipos apoiam uma associação entre a variação genética perto do NOTCH4 e a perturbação bipolar. 2004, Am J Med Genet B Neuropsychiatr Genet 5; 131(1): 10-5.

- Glatt SJ, Wang RS, Yeh YC, TsuangMT, Faraone SV: Cinco polimorfismos NOTCH4 mostram fraca evidência de associação com a esquizofrenia: evidência de meta-análises. 2005, Schizophr Res; 73(2-3): 281-90.

- Imai K, Harada S, KawanishiY, Tachikawa H, OkuboT, SuzukiT: O

  O polimorfismo (CTG)n no gene NOTCH4 não está associado à esquizofrenia em indivíduos japoneses. 2001, BMC Psychiatry; 1(1): 1.

- Bengel D, Balling U, Stober G, Heils A, Li SH, Ross CA, Jungkunz G, Franzek E, Beckmann H, Riederer P, Lesch KP: Distribuição do polimorfismo de repetição B33 CTG num subtipo de esquizofrenia. 1998, Eur Arch Psychiatry Clin Neurosci; 248(2): 78-81.

- Okamura-Oho Y, Miyashita T, Nagao K, Shima S, Ogata Y, Katada T, Nishina H, Yamada M: A proteína da atrofia dentatorubral-palidoluysiana é fosforilada pela c-Jun NH2-terminal kinase. 2003, Hum Mol Genet; 12(13): 1535-42.

- Michlewski G, Krzyzosiak WJ: Arquitetura molecular das repetições CAG em transcrições relacionadas com doenças humanas. 2004, J Mol Biol; 340(4): 665-79.

- Becher MW, RubinszteinDC, Leggo J, Wagster MV, Stine OC, Ranen NG, Franz ML, Abbott MH, Sherr M, MacMillan JC, Barron L, Porteous M, Harper PS, Ross CA: Atrofia Dentatorubral e Palidoluysiana (DRPLA). Achados clínicos e neuropatológicos em pedigrees norte-americanos e europeus geneticamente confirmados. 1997, Mov Disord; 12(4): 519-30.

- Benson MA, Newey SE, Martin-Rendon E, Hawkes R, Blake DJ: Dysbindin, uma nova proteína contendo coiled-coil que interage com as distrobrevinas no músculo e no cérebro. 2001, J Biol Chem; 276: 24232-24241.

- Straub RE, MacLean CJ, Ma Y, Webb BT, Myakishev MV, Harris-Kerr C, Wormley B, Sadek H, Kadambi B, O'Neill FA, Walsh D, Kendler KS:

  A análise de todo o genoma de três conjuntos independentes de 90 famílias irlandesas com esquizofrenia multiplex e o acompanhamento de regiões selecionadas em todas as famílias fornecem provas da existência de múltiplos genes de suscetibilidade. 2002, Mol Psychiatry; 7: 542-559.

- Liao HM, Chen CH: Análise de mutação do gene humano da proteína de ligação à distrobrevina1 em pacientes esquizofrénicos. 2004, Schizophr Res; 71(1): 185-9.

- Craddock N, O'Donovan MC, Owen MJ: A genética da esquizofrenia e da perturbação bipolar: dissecando a psicose. 2005, J Med Genet; 42(3): 193-204.

- Shibata H, Shibata A, Ninomiya H, Tashiro N, Fukumaki Y: Estudo de associação de polimorfismos no gene do recetor de cainato GluR6 (GRIK2) com esquizofrenia. 2002, Psychiatry Res; 113(1-2):59-67.
- Bah J, Quach H, Ebstein RP, Segman RH, Melke J, Jamain S, Rietschel M, Modai I, Kanas K, Karni O, Lerer B, Gourion D, Krebs MO, Etain B, Schurhoff F, Szoke A, Leboyer M, Bourgeron T: Desequilíbrio da transmissão materna do recetor de glutamato GRIK2 na esquizofrenia.2004, Neuroreport; 15(12): 1987-91.
- Ohara K, Tani K, Tsukamoto T, Suzuki Y, Xu HD, Xu DS, Wang ZC, Ohara K: Exclusão de cinco expansões de repetições de trinucleótidos (CAG e CCG) em 17 famílias com esquizofrenia. 1997, Biol Psychiatry; 42(9): 756-9.

MIX
Papier aus verantwortungsvollen Quellen
Paper from responsible sources
FSC® C105338

Printed by Books on Demand GmbH, Norderstedt / Germany